高等职业院校数控设备 材

数控机床机械部件装配与调整

主　编　谢　尧　陆齐炜
副主编　金玉峰
参　编　储燕青　杭华亮　李　波　应钏钏
　　　　王海平　庄　晨　李　达　朱　骥
　　　　薛　龙
主　审　洪惠良

机 械 工 业 出 版 社

本书是高等职业教育数控设备应用与维护专业改革创新系列教材，是根据最新的教学标准，同时参考相应职业资格标准编写的。

本书共分五个模块，内容包括数控机床机械部件装配与调整的基础知识、数控机床传动装置装配与调整、数控机床自动换刀装置装配与调整、数控机床液压与气压装置装配与调整、数控机床辅助装置装配与调整。本书注意精选内容，结合实际，突出应用。本书在内容阐述上，力求简明扼要、图文并茂、通俗易懂，便于教学和自学。体现了现代职业教育的特色，注重综合能力的培养。

为便于教学，本书配套有电子教案、助教课件、教学视频等教学资源，选择本书作为教材的教师可来电（010-88379197）索取，或登录网站www.cmpedu.com，注册、免费下载。

本书可作为高等职业院校数控设备应用与维护专业的教材，也可作为数控机床安装与维修岗位的培训教材。

图书在版编目（CIP）数据

数控机床机械部件装配与调整/谢尧，陆齐炜主编. —北京：机械工业出版社，2017.2（2024.7重印）
高等职业院校数控设备应用与维护专业系列教材
ISBN 978-7-111-55627-5

Ⅰ.①数… Ⅱ.①谢… ②陆… Ⅲ.①数控机床-零部件-装配（机械）-高等职业教育-教材②数控机床-零部件-调试方法-高等职业教育-教材 Ⅳ.①TG659

中国版本图书馆CIP数据核字（2016）第302998号

机械工业出版社（北京市百万庄大街22号 邮政编码100037）
策划编辑：齐志刚 责任编辑：齐志刚 杨 璇 责任校对：刘怡丹
封面设计：张 静 责任印制：郜 敏
中煤（北京）印务有限公司印刷
2024年7月第1版第7次印刷
184mm×260mm · 10.5印张 · 259千字
标准书号：ISBN 978-7-111-55627-5
定价：32.00元

电话服务
客服电话：010-88361066
010-88379833
010-68326294

网络服务
机 工 官 网：www.cmpbook.com
机 工 官 博：weibo.com/cmp1952
金 书 网：www.golden-book.com
机工教育服务网：www.cmpedu.com

封底无防伪标均为盗版

编审委员会（按姓氏拼音排序）

主　　任　邓三鹏　汪光灿

副主任　齐志刚

委　　员　窦湘屏　段业宽　高华平　高玉侠　顾国洪　高永伟
郝东华　蒋永翔　李长军　李存鹏　李继中　李　亮
李　涛　李晓海　李志梅　林尔付　刘立佳　陆齐炜
闵翰忠　裴　杰　秦振山　瞿　希　史利娟　宋军民
唐修波　滕朝晖　王　鹤　魏　胜　吴宏霞　武玉山
谢　尧　徐　敏　徐　燕　杨杰忠　应钏钏　张　俊
章建海　张仕海　曾　霞　邹火军　朱来发

参与企业　浙江天煌科技实业有限公司
浙江省水电实业公司

前　言

为贯彻《国务院关于大力发展职业教育的决定》精神，落实关于“加强职业教育教材建设，保证教学资源基本质量”的要求，确保新一轮职业院校教学改革顺利进行，全面提高教育教学质量，保证高质量教材进课堂，全国机械职业教育教学指导委员会、机械工业出版社于2015年11月在杭州召开了“职业院校数控设备应用与维护专业教材启动会”。在会上，来自全国该专业的骨干教师、企业专家研讨了新的职业教育形势下该专业的课程体系和内容。本书是根据会议精神，结合专业培养目标以及现阶段的教学实际进行编写的。

本书主要介绍了数控机床机械部件装配与调整方法，包含数控机床的传动装置、自动换刀装置、液压与气压装置、辅助装置四大机械部分装配与调整。本书重点强调培养学生的综合职业能力，使学生明白职业技能和职业素质的重要性，从而培养高素质的劳动者。在本书编写过程中，力求体现理实一体化教学的特色。本书编写模式新颖，重点强调教师为主导、学生为主体的特色。

本书在内容上主要有以下几点说明。

1）教学过程中特别强调安全文明生产的重要性，如工具使用一定要规范。

2）教学过程中采用理实一体化教学，以教师为主导、学生为主体，强调学生的自主能动性，以培养学生的综合职业能力和职业素养为目标。

3）教学过程注重完整性，如按分组→操作→成果展示→评价进行教学。

4）本书建议学时为378学时，学时分配建议见下表。

序　号	名　称	学　时
模块一	数控机床机械部件装配与调整的基础知识	30
一	理实一体化实习安全知识	6
二	数控机床的机械结构	6
三	数控机床的特点及应用	2
四	数控机床机械部件装配与调整的常用工具、量具和检具	6
五	分组与分工	10
模块二	数控机床传动装置装配与调整	120
项目一	数控铣床/加工中心主轴装配与调整	60
项目二	数控铣床/加工中心进给传动装置装配与调整	60

（续）

序　　号	名　　称	学　　时
模块三	数控机床自动换刀装置装配与调整	120
项目一	数控车床换刀装置装配与调整	60
项目二	加工中心换刀装置装配与调整	60
模块四	数控机床液压与气压装置装配与调整	36
项目一	数控机床液压装置装配与调整	18
项目二	数控机床气压装置装配与调整	18
模块五	数控机床辅助装置装配与调整	72
项目一	自定心卡盘装配与调整	18
项目二	尾座装配与调整	18
项目三	润滑与冷却装置装配与调整	18
项目四	排屑与防护装置装配与调整	18
总学时		378

本书共分五个模块，由江苏省常州技师学院谢尧、陆齐炜主编。本书编写具体分工如下：厦门技师学院王海平、江苏省常州技师学院谢尧编写模块一；江苏省常州技师学院谢尧、陆齐炜、李波编写模块二；江苏省常州技师学院金玉峰，宁波第二技师学院应钏钏编写模块三；苏州吴中高级技工学校杭华亮编写模块四；江苏省常州技师学院储燕青、朱骥，扬州技师学院庄晨，盐城技师学院李达编写模块五。装配图由江苏省常州技师学院薛龙绘制。全书由洪惠良主审。

由于编者水平有限，书中不妥之处在所难免，恳请读者批评指正。

编　者

目　录

模块一 数控机床机械部件装配与调整的基础知识

知识目标： 1. 掌握实训室安全操作规程。
2. 掌握实训室学生实习规程。
3. 掌握数控机床机械结构的知识。

能力目标： 1. 能独立完成实训承诺书。
2. 能进行分组与分工。

素质目标： 1. 养成独立思考和动手操作的习惯。
2. 培养小组协调能力和互相学习的精神。

一、理实一体化实习安全知识

1. 数控机床机械部件装配与调整实训室安全操作规程

1）工作前，应按所用工具的需要和有关规定，穿戴好劳动防护用品，女工发辫要挽在工作帽内，禁止在实训室内吸烟及吃东西。

2）检查所用工具齐备、完好、可靠才能开始工作。禁止使用带裂纹、带毛刺、手柄松动等不符合安全要求的工具。

3）工作中，使用大小锤时，严禁戴手套和面对面使用锤子。多人工作时，不得用手指示要打的地方。必须注意自身及周围人员的安全，防止因工件及铁屑飞溅或工具脱落造成伤害。

4）装配的零部件要有秩序地放在存放架上或装配的工位上，必须牢固。在地面上摆放的零部件，要整齐牢固，高度不得超过1.5m。

5）钳工台一般紧靠墙壁，操作者对面不准有人。如大型钳工台，对面有人工作时，钳工台必须设置安全挡网，防止铲下的毛刺伤人。

6）安装机器时，池型基础内严禁站人，防止脱钩、断绳或机器坠落伤人。使用水平仪校正加垫时，不准将手伸入机器或重物下面工作。

7）用千斤顶举升工件时，下面必须加平垫木。受力点要选择适当，柱端不准加垫，要稳起稳落，以免发生事故。

8）使用手持电动工具时，要检查其导线单相是否用三芯，三相是否四芯线。电动工具必须检查其接零保护是否完好，必要时应使用触电保护器。要注意保护好导线，防止轧坏、割破等。电动工具用完后，要立即切断电源，放到固定位置，不准乱放。

9）使用常用工具时，必须遵守以下规程。

① 用台虎钳夹持工件时，只许使用钳口最大行程的2/3，不得用管子套在手柄上或用锤子击打手柄。使用转座的台虎钳时，必须将紧固螺钉紧固牢靠。

② 使用锤子和大锤时，应检查锤头是否松动、是否有裂纹、是否有卷边或毛刺。如有缺陷，必须修好再用。两人击打时，动作要协调，以免击伤对方。手上、锤子柄上、锤头上有油污时，必须擦干净后，方可使用。

③ 使用锉刀、刮刀时，必须用装有金属箍的木柄，无木柄的不得使用。推挫要平，压力与速度要适当，回拖要轻。刮削方向禁止站人，防止刀出伤人。

④ 使用的扳手与螺母要紧密配合，严禁在扳口上加垫或扳把上加套管。紧螺母时，不可用力过猛，特别在高空作业时，更要注意。使用活扳手时，应将死面作为着力点，活面作为辅助面，否则，容易损坏扳手或伤人。扳手不准当锤子用。

⑤ 使用手锯时，工件必须夹紧。锯削工件时，手锯要靠近钳口，方向要正确，压力和速度要适宜。工件将要锯断时，压力要轻，以防压断锯条或工件落下伤人。安装锯条时，松紧要适当，方向要正确，不准歪斜。

⑥ 使用丝锥、板牙和铰刀攻套螺纹和铰孔时，要对正、对直，用力要适当，以防折断。不准用嘴吹孔内的铁屑，以防伤眼。不要用手擦拭工件的表面，以防铁屑和毛刺伤手。

⑦ 使用一字槽或十字槽螺钉旋具时，螺钉旋具与螺钉槽要配合到底，禁止不配合到底而旋转螺钉旋具或是用力过猛旋转螺钉旋具，以防止螺钉槽损坏。

⑧ 使用内六角扳手时，内六角扳手与螺钉槽要配合到底，禁止不配合到底而旋转内六角扳手或是用力过猛旋转内六角扳手，以防止螺钉槽损坏。

10）工作完毕后，必须将设备和工具的电、气、水、油源断开；必须清理好工作场地卫生，将工具和零件整齐地摆放在指定的位置上。

2. 数控机床机械部件装配与调整实训室学生实习规程

1）凡进入实训室的学生必须遵守学院和实训室的管理制度，并接受安全教育；在实习期间，必须服从指导教师的统一管理。

2）牢固树立“安全第一”的思想，避免人身、设备事故发生。

3）实习操作时，必须遵守实训室的各项操作规程。

4）进实训室要衣着规范，不准穿拖鞋；女生不穿高跟鞋，不准披长发。

5）禁止任何食物、易燃和易爆物品进入实训室。

6）以下操作必须经指导教师同意并有必需的安全措施后才能进行。

① 机床通电。

② 操作机床。

③ 更改机床路线。

④ 拆卸、安装、调整机床任何部件。

7）实习期间严禁串岗，未经指导教师同意不允许操作其他组的设备，不允许打开其他机床的配电柜，不允许接通其他机床的电源，不允许拆卸、调整其他机床的任何部件。

8）未经指导教师同意，严禁在实训室做与实习无关的事情。

9）在实习过程中，保持实习环境的安静、不得高声喧哗、打闹。

10）正确使用工具、仪器设备，确保所有工具、仪器设备的完好；学生自行保管的工具、设备必须放置在指导教师指定的地方，丢失、损坏工具和设备要承担赔偿责任。

11）在拆装过程中，应注意相互间的操作配合，保证人身安全。

12）坚持“三不落地”（油水、工具、零部件不落地）。

13）认真执行7S管理（整理Seiri、整顿Seitoh、清扫Seiso、清洁Seikeetsu、素养Shitsuke、安全Safety、节约Saving）。实习完毕后，须清点、清理工具，归还到指导教师处。室内卫生打扫完毕后须经指导教师检查合格后方可离开。

3. 数控机床机械部件装配与调整实训承诺书

学习掌握安全操作规程和实习规程后，填写实训承诺书，如图1-1所示。

数控机床机械部件装配与调整实训承诺书					
班级		姓名		学号	
签名： 年　月　日					

图1-1　实训承诺书

二、数控机床的机械结构

数控机床是一种装有数控系统的自动化机床，通过数控系统来对机床的各个机械部件进行自动控制，从而完成对加工动作顺序、运动部件的坐标位置以及辅助功能的自动控制，达到加工的目的。

1. 数控车床的机械结构

（1）数控车床的结构组成　典型数控车床的机械结构，包括主轴传动机构、进给传动机构、刀架、床身、辅助装置（刀具自动交换机构、润滑与切削液装置、排屑器、过载限位）等部分，如图1-2所示。

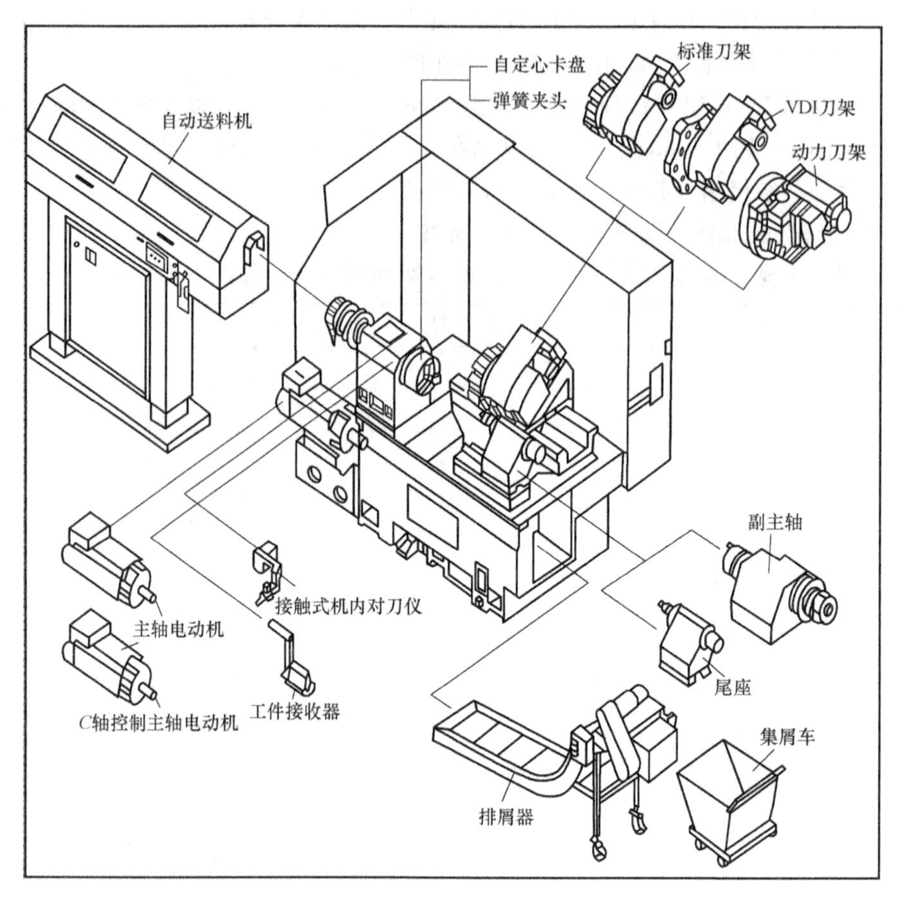

图 1-2　数控车床的机械结构

（2）数控车床的布局　数控车床分卧式和立式两种。

1）卧式数控车床的布局如图 1-3 所示。

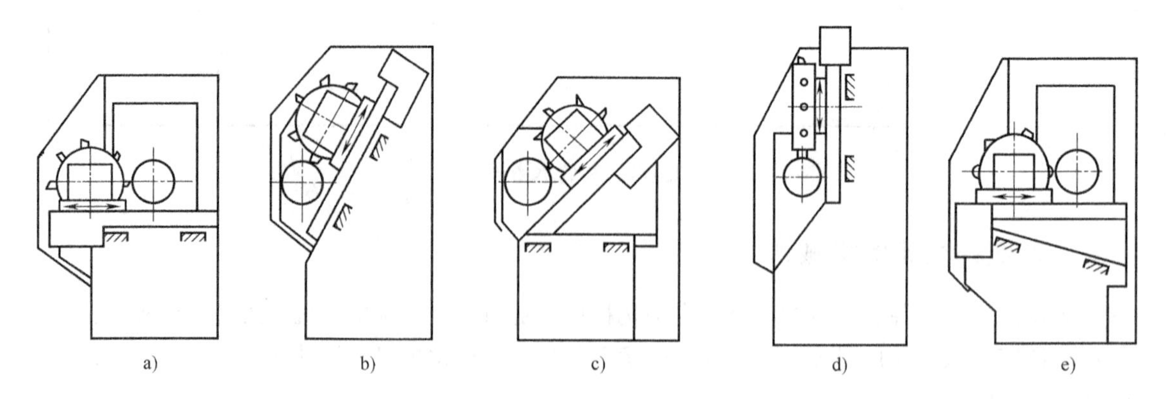

图 1-3　卧式数控车床的布局

a）平床身　b）斜床身　c）平床身斜滑板　d）立床身　e）前斜床身平滑板

① 平床身。

优点：平床身的工艺性好，导轨面容易加工；平床身配上水平刀架，与刀具运动方向垂

直，对加工精度影响较小；容易提高定位精度；大型工件和刀具装卸方便。

缺点：平床身排屑困难，需要三面封闭，刀架水平放置也加大了机床宽度方向结构尺寸。

平床身数控车床，如图 1-4 所示。

图 1-4　平床身数控车床

② 斜床身。

优点：斜床身的观察角度好，工件调整方便，防护罩设计较为简单；排屑性能较好。

缺点：倾斜角度影响导轨的导向性、受力情况、排屑、宜人性及外形尺寸高度比例等。

斜床身数控车床，如图 1-5 所示。

2）立式数控车床（图 1-6）。导轨倾斜角为 90°的斜床身通常称为立式床身。

优点：立床身的排屑性能最好。

缺点：对精度影响最大，并且立床身结构的机床受结构限制，布置也比较困难，限制了机床的性能，采用较少。

图 1-5　斜床身数控车床

图 1-6　立式数控车床

2. 数控铣床的机械结构

（1）数控铣床的结构组成

1）基础件。

2）主传动系统。

3）进给系统。

4）实现某些部件功能和辅助功能的系统和装置，如液压、气动、润滑、冷却等系统和排屑、防护等装置。

5）实现工件回转、定位装置和附件以及特殊功能装置，如刀具破损监控、精度检测和监控装置。

6）为完成自动化控制功能的各种反馈信号装置及元件。

数控铣床基础件通常是指床身、底座、立柱、横梁、滑座、工作台等，如图 1-7 所示。它们是整台铣床的基础和框架。铣床的其他零部件或者固定在基础件上或者工作时在其导轨上运动。其他机械结构的组成则按铣床的功能需要选用。如一般的数控铣床除基础件外还有主传动系统、进给系统以及液压、润滑、冷却等其他辅助系统，这是数控铣床机械结构的基本构成。加工中心则至少还应有机床自动控制系统（ATC），有的还有双工位工作台自动交换装置（APC）等。柔性制造单元（FMC）除 ATC 外还带有工位数较多的 APC，有的配有用于上下料的工业机器人。

数控铣床可根据自动化程度、可靠性要求和特殊功能需要，选用各类破损监控、铣床与工件精度检测、补偿装置和附件等。有些用于特殊加工的数控铣床，如电加工数控铣床和激光切割机，其主轴部件不同于一般数控金属切削铣床，但对进给伺服系统的要求则是一样的。

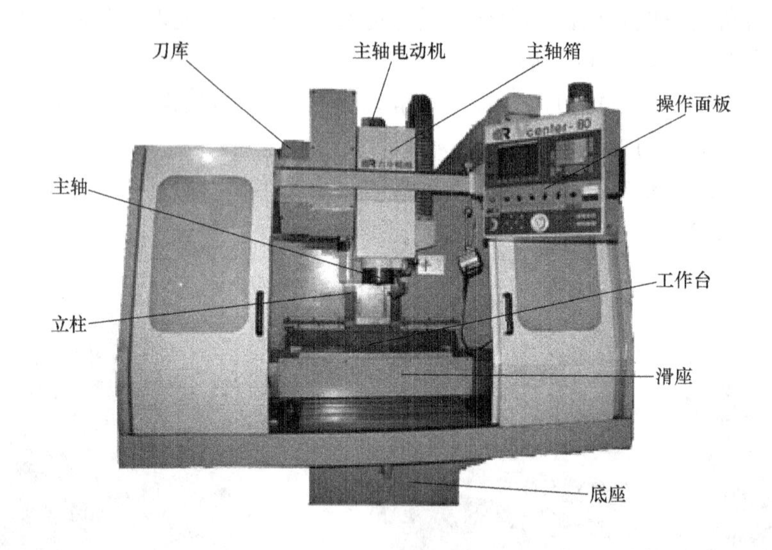

图 1-7　数控铣床

（2）数控铣床的布局　数控铣床分立式、卧式和立卧两用式三种。立卧两用式数控铣床的主轴（或工作台）方向可以更换，既可以进行立式加工，又可以进行卧式加工，使其应用范围更广。

一般数控铣床是指规格较小的升降台式数控铣床，其工作台宽度多在 400mm 以下。规格较大的数控铣床，如工作台宽度在 500mm 以上的，其功能已向加工中心靠近，进而演变成柔性制造单元。对于有特殊要求的数控铣床，还可以加进一个回转的 A 或 C 坐标，用来加工螺旋槽、叶片等立体曲面零件。

数控铣床的布局，见表 1-1。

表 1-1　数控铣床的布局

布局	布局形式	适用情况	运动情况
a	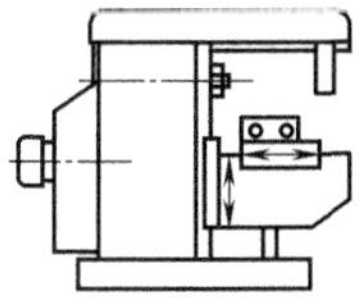	加工较轻工件的升降台式铣床	由工件完成三个方向的进给运动，分别由工作台、滑鞍和升降台来实现
b	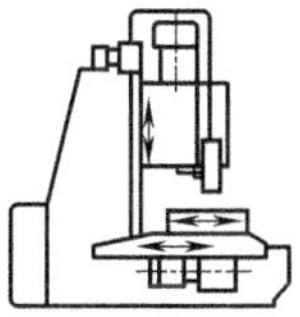	加工较大尺寸或较重工件的铣床	与 a 相比，改由铣头带着刀具来完成垂直进给运动
c	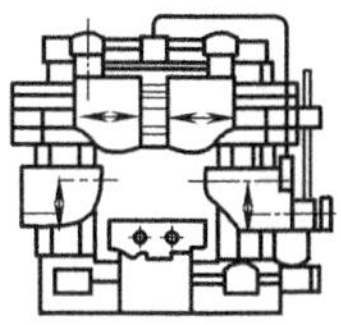	加工大重量工件的龙门式铣床	由工作台带着工件完成一个方向的进给运动，其他两个方向的进给运动由多个刀架即铣头部件在立柱与横梁上移动来完成
d	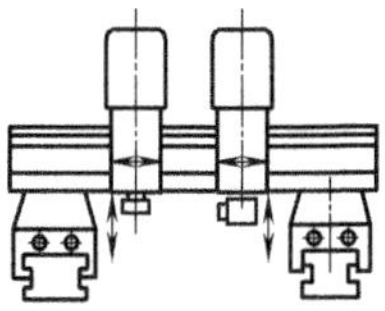	加工更重、尺寸更大工件的铣床	全部进给运动均由立铣头完成

3. 数控加工中心的机械结构

（1）数控加工中心的结构组成　典型数控加工中心的机械结构主要由基础件、主传动系统、进给传动系统、回转工作台、自动换刀装置（包括刀库）及其他机械功能部件等几部分组成。

1）基础件。数控加工中心的基础件通常是指床身、立柱、横梁、工作台、底座等结构件，由于其尺寸较大，俗称为大件。它们构成了加工中心的基本框架。它们主要承受加工中心的静负载以及在加工时产生的切削负载，因此，它们必须具备足够的强度。这些大件通常是铸铁或焊接而成的结构件，是加工中心中体积和质量最大的基础构件。其他部件附着在基础件上，有的部件还需要沿着基础件运动。

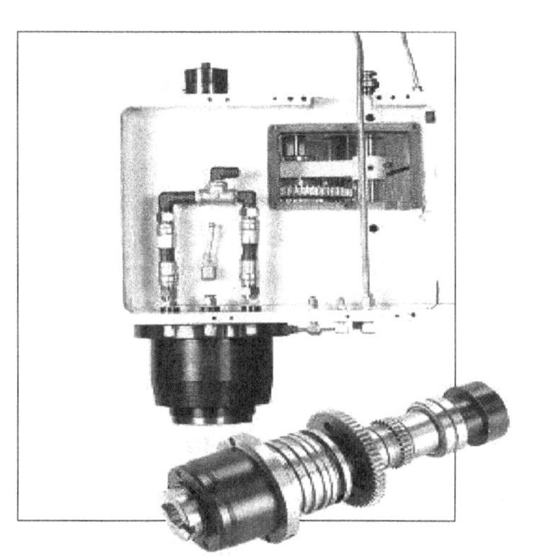

图 1-8　主传动系统

2）主传动系统（图 1-8）。数控加工中心的主传动系统是将动力传递给主轴，保证系统具有切削所需要的转矩和速度。

由于数控加工中心具有比传统机床更高的切削性能要求，因而要求数控加工中心的主轴部件具有更高的回转精度、更好的结构刚度和抗振性能。

由于数控加工中心的主传动常采用大功率的调速电动机，因而主传动链比传统机床短，不需要复杂的机械变速机构。

3）进给传动系统（图1-9）。数控加工中心的进给传动系统直接接受数控加工中心发出的控制指令，实现直线或旋转运动的进给和定位，对数控加工中心的运行精度和质量影响最明显。因此，对进给传动系统的主要要求是高精度、稳定性和快速响应的能力，既要它能尽快地根据控制指令要求，稳定地达到需要的加工速度和位置精度，又要尽量小地出现振荡和超调现象。

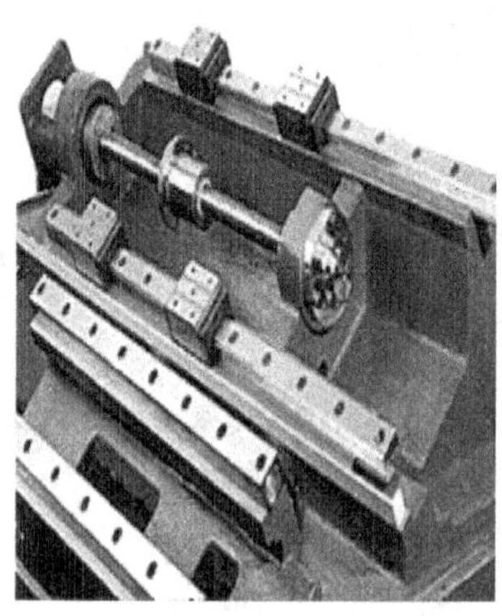

图1-9　进给传动系统

4）回转工作台（图1-10）。根据工作要求回转工作台分成两种类型，即数控转台和分度转台。数控转台在加工过程中参与切削，是由数控系统控制的一个进给运动坐标轴，因而对它的要求和进给传动系统的要求是一样的。分度转台只完成分度运动，主要要求分度精度指标和在切削力作用下保持位置不变的能力。

5）自动换刀装置（包括刀库）。自动换刀装置（Automatic Tool Changer，ATC）由刀库、机械手等部件组成，如图1-11所示。当需要换刀时，数控系统发出指令，由机械手（或通过其他方式）将刀具从刀库取出装入主轴孔中。为了在一次安装后能尽可能多地完成同一工件不同部位的加工要求，并尽可能减少数控加工中心的非故障停机时间，数控加工中心常具有自动换刀装置。对自动换刀装置的基本要求主要是结构简单、工作可靠。

6）其他机械功能部件。其他机械功能部件包括润滑、冷却、排屑、防护、液压、气动和检测等部分。由于数控加工中心是生产率极高并可以长时间实现自动化加工的机床，因而润滑、冷却、排屑问题比传统机床更为突出。大切削量的加工需要强力冷却和及时排屑，冷却的不足或排屑不畅会严重影响刀具的寿命。这些部件虽然不直接参与切削运动，但对加工中心的加工效率、加工精度和可靠性起着保障作用，因此，它们也是加工中心中不可缺少的部分。

图 1-10　回转工作台

图 1-11　自动换刀装置

（2）数控加工中心的布局　数控加工中心是一种配有刀库并能自动更换刀具、对工件进行多工序加工的数控机床。

1）卧式加工中心。卧式加工中心常采用移动式立柱、T 形床身。T 形床身的特点如下。

① 一体式 T 形床身的特点。刚度和精度保持性较好，铸造和加工工艺性差。

② 分离式 T 形床身的特点。铸造和加工工艺性较好，必须在连接部位用大螺栓紧固，以保证其刚度和精度。

2）立式加工中心。立式加工中心是指主轴轴线与工作台垂直设置的加工中心，主要适用于加工板类、盘类、模具及小型壳体类复杂零件。立式加工中心能完成铣、镗削、钻削、攻螺纹等工序。立式加工中心最少是三轴二联动，一般可实现三轴三联动。有的立式加工中心可进行五轴、六轴控制。立式加工中心立柱高度是有限的，减少了箱体类零件加工范围，这是立式加工中心的缺点。但立式加工中心工件装夹、定位方便，刀具运动轨迹易观察，调试程序检查测量方便，可及时发现问题，进行停机处理或修改；冷却条件易建立，切削液能直接到达刀具和加工表面；三个坐标轴与笛卡儿坐标系吻合，感觉直观与图样视角一致；切屑易排除和掉落，避免划伤加工过的表面。与相应的卧式加工中心相比，结构简单，占地面积较小，价格较低。

3）五轴联动加工中心。五轴联动加工中心是一种科技含量高、精密度高、专门用于加工复杂曲面的加工中心。这种加工中心对一个国家的航空、航天、军事、科研、精密器械、高精医疗设备等有着举足轻重的影响力。目前，五轴联动加工中心是解决叶轮、叶片、船用螺旋桨、重型发电机转子、汽轮机转子、大型柴油机曲轴等加工的唯一手段。

五轴联动加工中心有高效率、高精度的特点，工件一次装夹就可完成复杂的加工，能够适应像汽车零部件、飞机结构件等现代模具的加工。五轴联动加工中心和五面体加工中心是有很大区别的。很多人不知道这一点，误把五面体加工中心当作五轴联动加工中心。五轴联动加工中心有 x、y、z、a、c 五个轴，xyz 和 ac 轴形成五轴联动加工，擅长空间曲面加工、异形加工、镂空加工、打孔、斜孔、斜切等。而五面体加工中心则是类似于三轴加工中心，只是它可以同时做五个面，但是它无法做异形加工、打斜孔、切割斜面等。

三、数控机床的特点及应用

1. 数控机床的特点

（1）加工精度高　数控机床是按数字形式给出指令进行加工的。目前数控机床的脉冲当量普遍达到了0.001mm，而且进给传动链的反向间隙与丝杠螺距误差等均可由数控装置进行补偿，因此，数控机床能达到很高的加工精度。对于中、小型数控机床，其定位精度普遍可达0.03mm，重复定位精度为0.01mm。

（2）对加工对象的适应性强　数控机床上改变加工零件时，只需重新编制程序，输入新的程序就能实现对新的零件的加工，这就为复杂结构的单件、小批量生产以及试制新产品提供了极大的便利。对那些普通手工操作的普通机床很难加工或无法加工的精密复杂零件，数控机床也能实现自动加工。

（3）自动化程度高，劳动强度低　数控机床对零件的加工是按事先编好的程序自动完成的，操作者除了安放穿孔带或操作键盘、装卸工件、对关键工序的中间检测以及观察机床运行之外，不需要进行复杂的重复性手工操作，劳动强度与紧张程度均可大为减轻，加上数控机床一般有较好的安全防护、自动排屑、自动冷却和自动润滑装置，操作者的劳动条件也大为改善。

（4）生产率高　零件加工所需的时间主要包括机动时间和辅助时间两部分。数控机床主轴的转速和进给量的变化范围比普通机床大，因此数控机床的每一道工序都可选用最有利的切削用量。由于数控机床的结构刚性好，因此，允许进行大切削量的强力切削，这就提高了切削效率，节省了机动时间。因为数控机床的移动部件的空行程运动速度快，所以工件的辅助时间比一般机床少。

数控机床更换被加工零件时几乎不需要重新调整机床，故节省了安装调整时间。数控机床加工质量稳定，一般只做首件检验和工序间关键尺寸的抽样检验，因此节省了停机检验时间。当在加工中心上进行加工时，一台机床实现了多道工序的连续加工，生产率提高更为明显。

（5）经济效益良好　数控机床虽然价值昂贵，加工时分到每个零件上的设备折旧费高，但是在单件、小批量生产的情况下：①使用数控机床加工，可节省划线工时，减少调整、加工和检验时间，节省了直接生产费用；②使用数控机床加工零件一般不需要制作专用夹具，节省了工艺装备费用；③数控加工精度稳定，减少了废品率，使生产成本进一步下降；④数控机床可实现一机多用，节省厂房面积，节省建厂投资。因此，使用数控机床仍可获得良好的经济效益。

2. 数控机床的应用

数控机床有普通机床所不具备的许多优点，其应用范围正在不断扩大，但它并不能完全代替普通机床，也还不能以最经济的方式解决机械加工中的所有问题。数控机床最适合加工具有以下特点的零件。

1）多品种、小批量生产的零件。

2）形状结构比较复杂的零件。

3）需要频繁改形的零件。

4）价值昂贵、不允许报废的关键零件。

5）设计制造周期短的急需零件。

6）批量较大、精度要求较高的零件。

四、数控机床机械部件装配与调整的常用工具、量具和检具

1. 常用工具

常用工具有扳手、螺钉旋具、钳子、锤子、铜棒、铝棒、千斤顶、油壶、油枪、撬棍等，其中扳手包括活扳手、呆扳手、梅花扳手、内六角扳手、扭力扳手、套筒扳手和钩形扳手等。常用的螺钉旋具有一字槽螺钉旋具和十字槽螺钉旋具。常用工具图示与功能，见表1-2。

表1-2　常用工具图示与功能

序号	名称	图　示	功　能
1	活扳手		开口宽度可以调节，能紧固或松开一定尺寸范围内的六角头或方头螺栓、螺钉和螺母
2	呆扳手		双头呆扳手用于紧固、拆卸两种尺寸的六角头或方头螺栓和螺母
3	梅花扳手		用于拧紧和松开两种尺寸的六角头螺栓、螺母。扳手可以从多种角度套入六角头，特别适于工作空间狭小、位于凹处的场合
4	内六角扳手		供紧固或拆卸内六角圆柱头螺钉用
5	扭力扳手		与套筒扳手的套筒头相配，紧固六角头螺栓、螺母，用于对拧紧力矩有明确规定的场合

（续）

序号	名称	图　　示	功　　能
6	套筒扳手	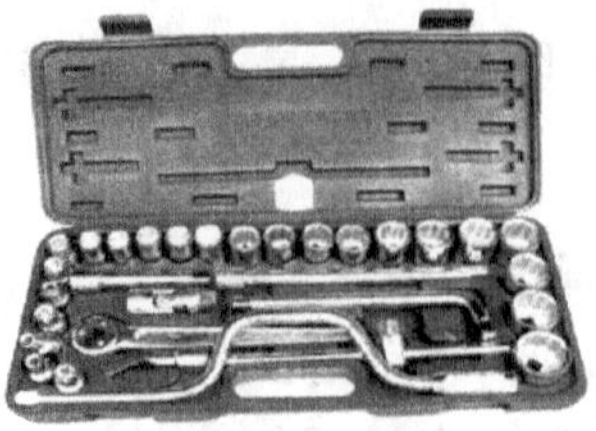	除具有一般扳手功能外，特别适用旋转空间狭窄或深凹的地方
7	钩形扳手		专用于扳动在圆周方向上开有直槽或孔的圆螺母
8	一字、十字槽螺钉旋具		用于紧固或拆卸一字、十字槽形的螺钉
9	钢丝钳和尖嘴钳	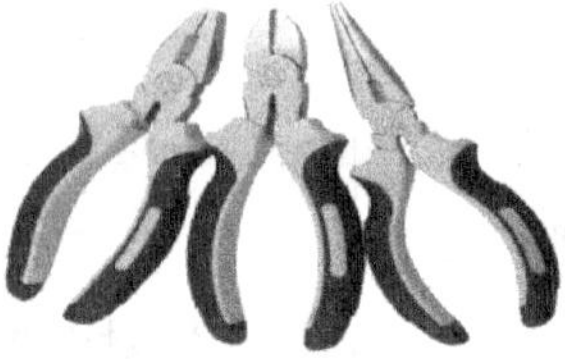	用于夹持或弯折薄形片及金属丝材；在较窄小的工作空间夹持工件；用于夹持小零件和扭转细金属丝
10	锤子	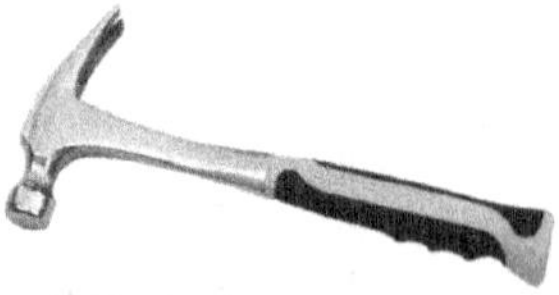	用于一般锤击，也可平整部件或零件用
11	铜棒和铝棒		铜棒主要用于敲击机床部件，铜棒较软，不会损坏零件；铝棒比铜棒轻，敲起来力量小

（续）

序号	名称	图　　示	功　　能
12	液压千斤顶		利用油液的静压力来顶举重物，是数控机床安装常用的一种起重或顶压的手工工具，其行程有限
13	油枪	连接气泵软管 进气阀与放气阀	给机械设备注油
14	撬棍		用于调整机床水平的辅助工具
15	拔销器		专门用来拔掉定位销的工具
16	顶拔器		拆卸各种机械设备中的带轮、齿轮、轴承等圆形零件
17	弹性挡圈装拆用钳子		分为轴用弹性挡圈装拆用钳子和孔用弹性挡圈装拆用钳子，用于装拆弹性挡圈

2. 常用量具和检具

（1）常用量具　常用量具的图示与功能，见表1-3。

表 1-3 常用量具的图示与功能

序号	名称	图 示	功 能
1	百分表		百分表主要用于直接或比较测量工件的长度尺寸、几何形状偏差，也用于检验机床几何精度或调整加工工件装夹位置偏差
2	数显百分表		高清晰度显示，任意位置测量、米制和英制单位转换、任意位置清零，具有精度高、读数直观和可靠等特点
3	千分表		千分表是通过齿轮或杠杆将一般的直线位移（直线运动）转换成指针的旋转运动，然后在刻度盘上进行读数的长度测量仪器
4	数显千分表		以数字方式显示的千分表，可以任意位置设置、起始值设置满足特殊要求、公差值设置进行公差判断、米英制转换
5	杠杆表		用于测量百分表难以测量的小孔、凹槽、孔距和坐标尺寸等。杠杆表是一种借助于杠杆-齿轮或杠杆-螺旋传动机构，将测杆摆动变为指针回转运动的指示式量具，测量范围一般为 0 ~ 0.8mm

（续）

序号	名称	图　示	功　能
6	数显杠杆表		模拟及数字双重显示，数字分辨率为0.01mm/0.001mm，米英制制式转换，标称、最小、最大、最大-最小的模式显示和存储，自动关闭电源
7	平头测量头		安装在百分表或者千分表测量头上，方便找到主轴检验棒的测量位置

（2）常用检具　检验数控机床几何精度的常用检具有平尺、方尺、角尺、等高块、方筒、检验棒、自准直仪，水平仪等，还有检验零件几何精度的刀口角尺等。常用检具的图示与功能，见表1-4。

表1-4　常用检具的图示与功能

序号	名称	图　示	功　能
1	平尺		检验直线度或平面度用作基准的量尺
2	方尺		具有垂直平行的框式组合，检验2个坐标轴线的垂直度误差
3	三角形角尺		与平尺和等高块共同检验坐标轴垂直度误差

（续）

序号	名称	图　示	功　能
4	柱形角尺		柱形角尺是检验垂直度的专用检具，常用规格有 80mm×400mm 和 100mm×500mm
5	等高块		等高块是六个工作面的正方体或长方体，通常三块为一组，对面工作面互相平行，相邻工作面互相垂直，用于机床调整水平
6	可调等高块		用于检验加工中心直线度误差或者平面度误差等
7	方筒		检验坐标轴线的直线度或者垂直度误差
8	数控铣床或加工中心主轴用检验棒（带拉钉）		检验数控铣床或加工中心主轴径向圆跳动、主轴轴线与 Z 轴轴线的平行度误差等
9	磁性钢球（中心处）		装入主轴短检验棒的中心孔中，检验主轴轴向窜动
10	水平仪（框式、条状）		检验加工中心工作台面的平面度误差等
11	刀口尺		主要用于以光隙法进行直线度测量和平面度测量，也可与量块一起

（续）

序号	名称	图　示	功　能
12	刀口角尺		刀口角尺是精确检验工件垂直度误差的一种测量工具，也可以对工件进行垂直划线
13	量块		量块是由两个相互平行的测量面之间的距离来确定其工作长度的高精度检具，其长度为计量器具的长度标准

五、分组与分工

1. 根据生产任务的要求进行活动分组

1）进行人员自我情况介绍。

2）进行人员合理分组（教师、班长配合确定组长）。

3）小组内人员分工（由组长确定）。

① 组长 1 人（总体协调、制作汇报材料课件）。

② 副组长 1 人（负责拆卸、装配、检测等工作）。

③ 工、量、检具管理员 1 人（负责记录、验收、造册清单）。

④ 工艺记录员 1 人（负责记录工作过程，如拆卸的步骤、使用工具、注意事项等）。

⑤ 摄像师 1 人（负责过程拍照、摄像等）。

⑥ 操作技师 1 ~ 3 人。

4）填写小组人员分工名单（表 1-5）并公示。

2. 确定小组名称，小组组徽、小组目标，并用幻灯片的形式展示

3. 小组人员代表汇报分组情况，并上交各自职责书

表 1-5　小组人员分工名单

序号	姓　　名	分　　工	备注
1		总体协调、制作汇报材料课件	组长
2		负责拆卸、装配检测等工作	副组长
3		负责记录、验收、造册清单	工、量、检具管理员
4		负责记录工作过程，如拆卸的步骤、使用工具、注意事项等	工艺记录员
5		负责过程拍照、摄像等	摄像师
6		操作	操作技师
7		操作	操作技师
8		操作	操作技师

数控机床传动装置装配与调整

项目一　数控铣床/加工中心主轴装配与调整

知识目标： 1. 了解数控铣床/加工中心主轴主传动系统的基本组成。
2. 掌握数控铣床/加工中心主轴装配图的识图知识。
3. 掌握数控铣床/加工中心主轴的结构、工作原理。

能力目标： 1. 能对数控铣床/加工中心主轴进行拆卸。
2. 能对数控铣床/加工中心主轴进行装配与调整。

素质目标： 1. 养成独立思考和动手操作的习惯。
2. 培养小组协调能力和互相学习的精神。

工作任务

本任务要求对数控铣床/加工中心主轴进行拆卸和装配与调整，计划步骤见表 2-1。

表 2-1　主轴进行拆卸和装配与调整的计划步骤

序　　号	步　　骤
1	主轴拆卸
2	主轴装配与调整
3	成果展示
4	评价

相关理论

一、数控铣床/加工中心主传动系统的组成

主传动系统是数控机床的重要组成部分，其组成部件的结构尺寸、形状、精度及材料等，对机床的使用性能、加工精度都有很大的影响。它主要包括主轴箱、主轴、主轴电动机等，是机床的关键部件，其作用见表 2-2。

二、主轴的工作原理

主轴是数控铣床/加工中心上的重要部件之一。它带动刀具旋转完成切削，其精度、抗

表 2-2　主传动系统的组成及其作用

名称	图　示	作　用
主轴箱		主轴箱通常由铸铁铸造而成，主要用于安装主轴、主轴电动机、主轴润滑系统等
主轴		主传动系统最重要的部件。主轴材料的选择主要根据刚度、载荷特点、耐磨性和热处理变形等因素确定。对于数控铣床/加工中心来说，它用于装夹刀具执行零件加工
轴承	轴承	支承主轴
同步带轮	同步带轮	同步带轮的主要材料为尼龙，固定在主轴上，与同步带啮合
同步带		同步带是主轴电动机与主轴的传动元件，主要是将电动机的转动传递给主轴，带动主轴转动，执行工作
主轴电动机		主轴电动机是机床加工的动力元件，电动机功效的大小直接关系到机床的切削力度

振性和热变形对加工质量有直接影响。数控铣床/加工中心的主轴为一中空轴，其前端为锥孔，与刀柄相配，在其内部和后端安装有刀具自动夹紧机构，用于刀具装夹。主轴在结构上要保证良好的冷却润滑，尤其是在高转速场合，因此通常采用循环式润滑系统。对于电主轴而言，往往设有温控系统，且主轴外表面有槽结构，以确保散热冷却。

三、装配图

主轴总成装配图，如图 2-1 所示。

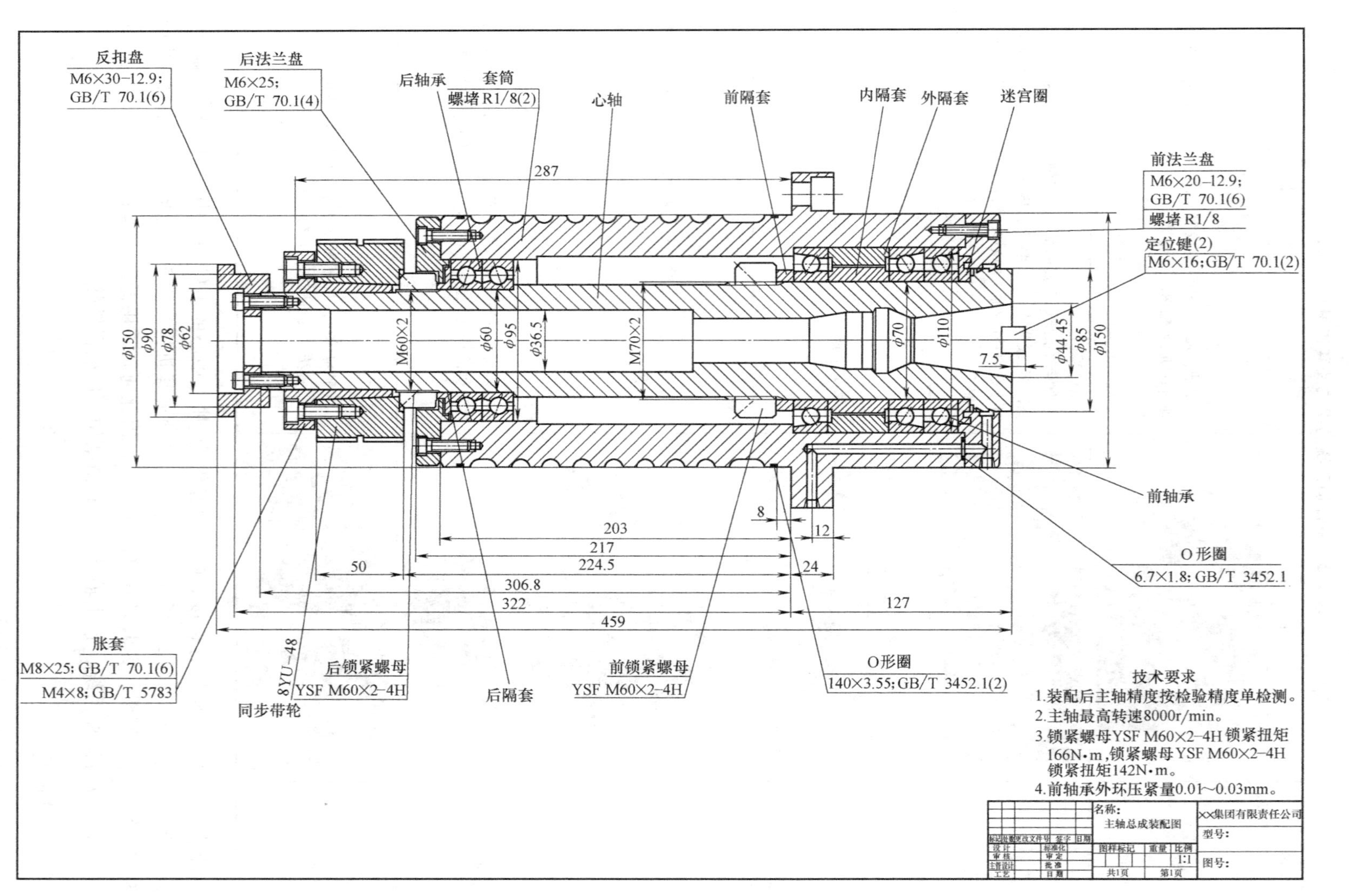
前法兰盘
M6×20-12.9;
GB/T 70.1(6)
螺堵 R1/8
定位键(2)
M6×16;GB/T 70.1(2)
前轴承
O形圈
6.7×1.8; GB/T 3452.1
技术要求
1.装配后主轴精度按检验精度单检测。
2.主轴最高转速8000r/min。
3.锁紧螺母YSF M60×2-4H锁紧扭矩166N·m,锁紧螺母YSF M60×2-4H锁紧扭矩142N·m。
4.前轴承外环压紧量0.01~0.03mm。
名称:
主轴总成装配图
××集团有限责任公司
型号:
图号:
1:1
迷宫圈
外隔套
内隔套
前隔套
心轴
套筒
螺堵 R1/8(2)
后轴承
O形圈
140×3.55; GB/T 3452.1(2)
前锁紧螺母
YSF M60×2-4H
后隔套
后锁紧螺母
YSF M60×2-4H
8YU-48
同步带轮
后法兰盘
M6×25;
GB/T 70.1(4)
反扣盘
M6×30-12.9;
GB/T 70.1(6)
胀套
M8×25; GB/T 70.1(6)
M4×8; GB/T 5783

图 2-1 主轴总成装配图

任务实施

一、数控铣床/加工中心主轴拆卸

1. 工具准备

拆卸的主要工具，如图 2-2 所示。

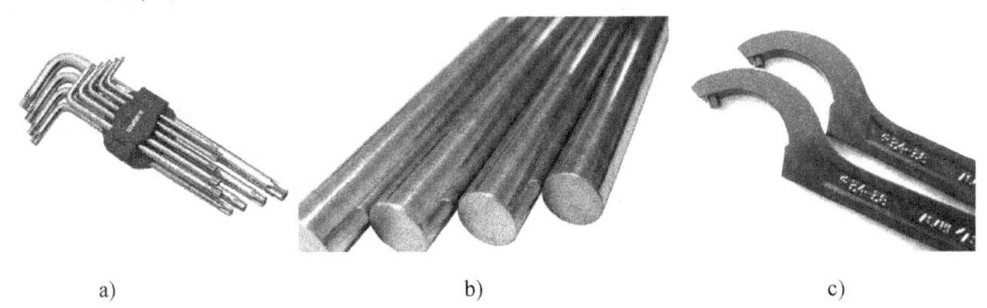

a)　　b)　　c)

图 2-2　拆卸的主要工具

a）内六角扳手　b）铜棒　c）钩形扳手

2. 水平放置主轴

将主轴平放在工作台上，为避免主轴外表面碰伤，须使用木制的 V 形块工装，如图 2-3 所示。

图 2-3　水平放置主轴

3. 拆卸反扣盘

用内六角扳手旋出 6 个 M6 ×30 螺钉，拆卸反扣盘，如图 2-4 所示。

4. 拆卸胀套、同步带轮

用内六角扳手旋出 6 个 M8 ×25 螺钉，使用铜棒从端部轻轻敲击同步带轮，顶出胀套，同时将同步带轮取下，如图 2-5 所示。

a)

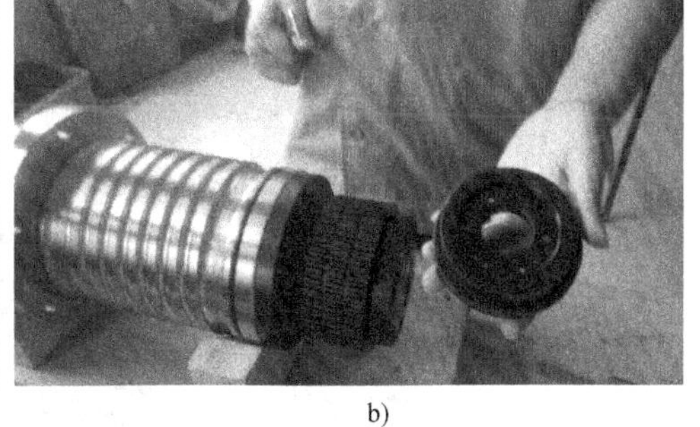

b)

图 2-4　拆卸反扣盘

a)

b)

c)

图 2-5　拆卸胀套、同步带轮

5. 拆卸后锁紧螺母

用内六角扳手旋松后锁紧螺母上的 3 个紧定螺钉，用铜棒轻轻敲击 3 个紧定螺钉侧面，使用钩形扳手旋下后锁紧螺母，如图 2-6 所示。

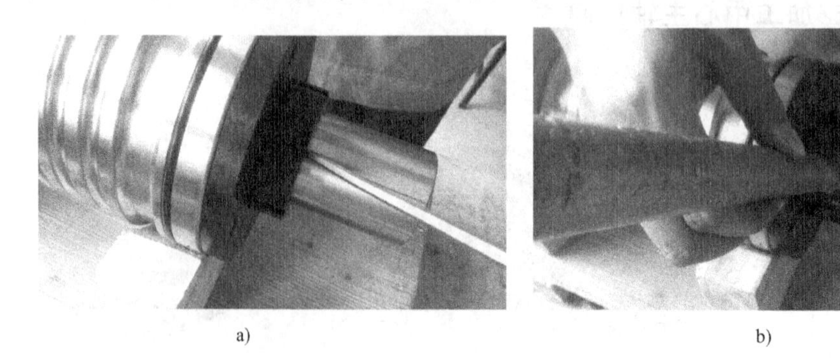

a)　　b)

图 2-6　拆卸后锁紧螺母

6. 拆卸后法兰盘、后隔套

用内六角扳手旋出后法兰盘上 4 个 M6 × 25 螺钉，卸下后法兰盘，接着用手取出后隔套，如图 2-7 所示。

a)　　b)

c)　　d)

图 2-7　拆卸后法兰盘、后隔套

7. 拆卸定位键、前法兰盘

用内六角扳手旋出 2 个 M6 × 16 的螺钉、6 个 M6 × 20 螺钉，取下定位键和前法兰盘，并且要特别注意前法兰盘上注油口位置，O 形密封圈不要丢失、破损，如图 2-8 所示。

8. 拆卸主轴套筒、后轴承

用螺栓将工装与主轴连接，以便于把主轴提起；抓住主轴套筒法兰处，在木板上通过上

a)　b)　c)　d)

图 2-8　拆卸定位键、前法兰盘

下振动，将主轴心轴、主轴套筒与后轴承分离，如图 2-9 所示。

a)　c)　b)

图 2-9　拆卸主轴套筒、后轴承

9. 拆卸前锁紧螺母

将主轴前端平放在木支架上，用内六角扳手旋松前锁紧螺母上的 3 个紧定螺钉，用铜棒轻轻敲击 3 个紧定螺钉所在位置的锁紧螺母的侧面，使用钩形扳手旋下前锁紧螺母，如图 2-10所示。

图 2-10　拆卸前锁紧螺母

10. 拆卸前隔套，内、外隔套，前轴承及迷宫圈

依次从心轴上取下前隔套，前轴承，内、外隔套及迷宫圈，如图 2-11 所示。

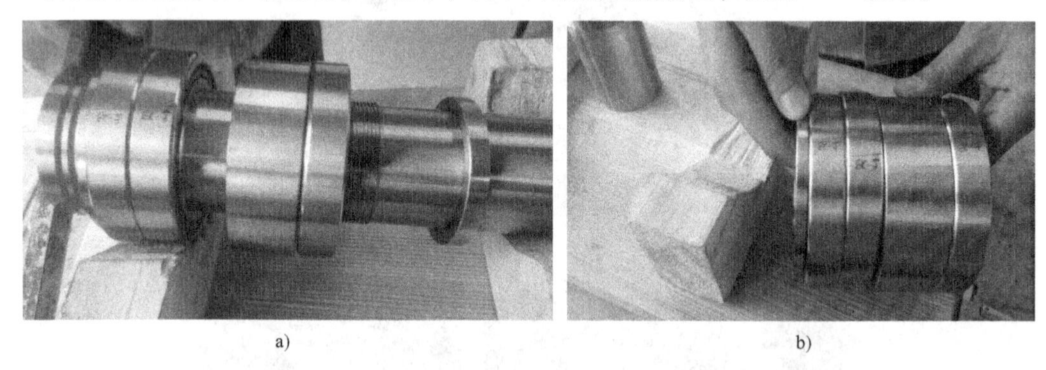

图 2-11　拆卸前隔套，内、外隔套，前轴承及迷宫圈

二、数控铣床/加工中心主轴装配与调整

1. 工、量具准备（图 2-12）

2. 检查、清洗

拆卸下来的主轴零件，如图 2-13 所示。对拆卸下来的主轴零件进行检查、清洗。

1）检查零件定位表面有无疤痕、碰伤、划痕、锈斑；检查各锐边是否倒钝、毛刺是否去除；如有问题用锉刀、砂纸、油石进行修饰。

2）装配前各零件均需用无纺布和煤油清洗洁净，尤其与轴承接触面需蘸酒精擦抹并验证无污迹。

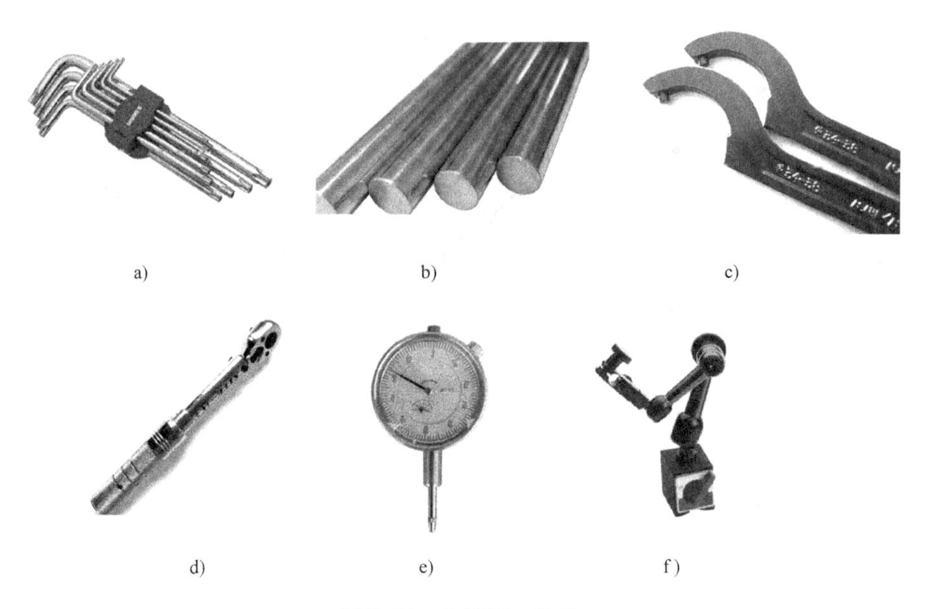

图 2-12　主要工、量具

a）内六角扳手　b）铜棒　c）钩形扳手　d）扭力扳手　e）千分表　f）磁力表座

装配区域分为零件摆放区域与工作区域两部分，两者距离应≥800mm。清洁干净的零件摆放在擦净无灰尘或垫上干净油纸的零件摆放区域工作台上，并加上油纸覆盖防尘；零件装配在工作区域完成。

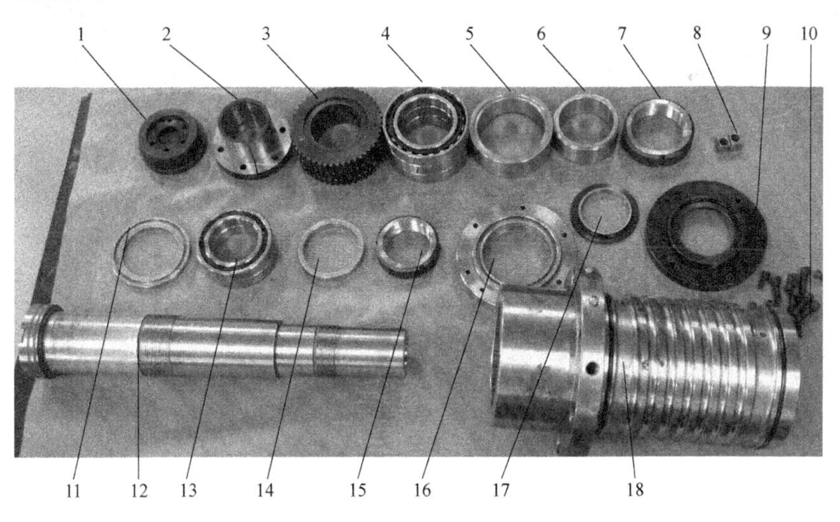

图 2-13　拆卸下来的主轴零件

1—反扣盘　2—胀套　3—同步带轮　4—前轴承　5—外隔套　6—内隔套　7—前锁紧螺母　8—定位键　9—后法兰盘　10—螺钉　11—迷宫圈　12—心轴　13—后轴承　14—前隔套　15—后锁紧螺母　16—前法兰盘　17—后隔套　18—主轴套筒

3. 主轴配合零件预装和零件检查

1）前隔套、后隔套、内隔套与心轴分别预装，如图 2-14 所示。

2）前轴承内、外隔套分别在平台上检查等高允差≤0.002mm。

图 2-14 主轴配合零件预装

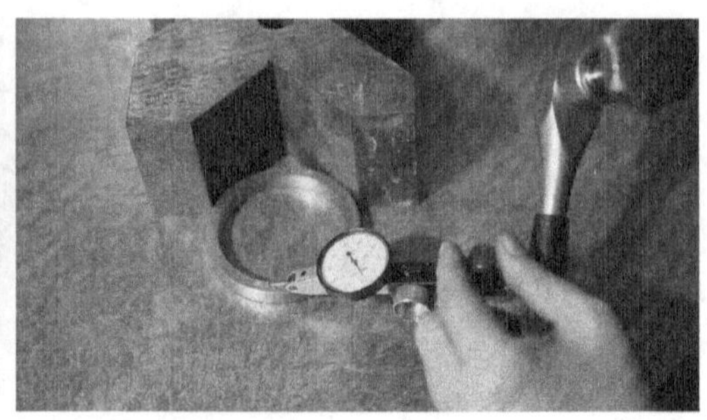

图 2-15 检查等高允差

4. 主轴装配与调整过程

1）将主轴心轴前端面朝下竖立在工作台上并擦拭干净，然后涂少量润滑脂，将迷宫圈装入心轴，如图 2-16 所示。

2）安装前轴承时，3 个前轴承外圈顺序标记对齐，如图 2-17 所示。轴承需加入适当油脂。轴承安装前需用电吹风对其内圈进行加热至 60°，使轴承内环胀大便于安装；依次安装 2 个前轴承，标记开口朝下，如图 2-18 所示。

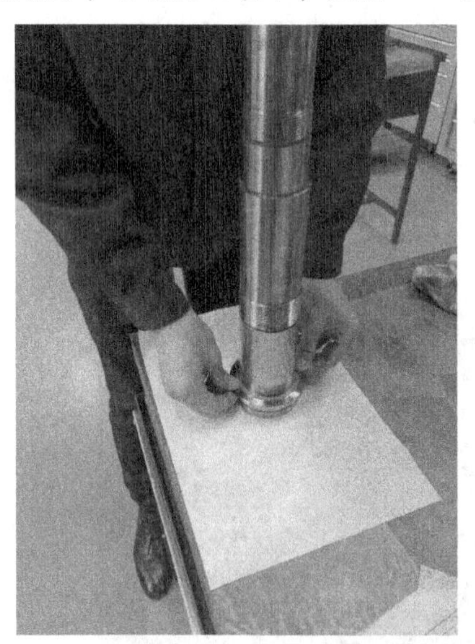

图 2-16 装入迷宫圈

图 2-17 前轴承外圈顺序标记对齐

3）安装内隔套，如图 2-19 所示。

4）安装外隔套，如图 2-20 所示。内、外隔套平行度误差需在 2μm 内。

5）安装第 3 个前轴承，如图 2-21 所示。

6）安装前隔套，如图 2-22 所示。

7）安装前锁紧螺母，并用钩形扳手在钳口别住定位键紧固后再旋松 45°角，然后换扭力扳手再次紧固，其扭矩值设定为 166N · m，如图 2-23 所示。

8）用磁力表座吸在心轴上，表头接触外隔套，旋转调整外圆与心轴同心，允差≤0.005mm，如允差超出范围，可用铜棒轻轻敲击对侧调整，如图 2-24 所示。

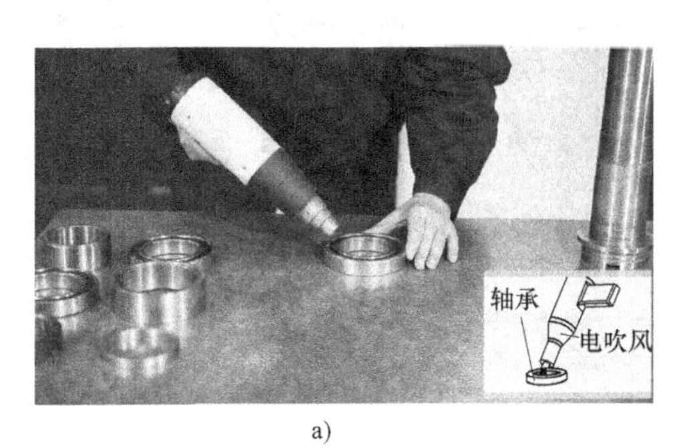

a)

b)

图 2-18　安装 2 个前轴承

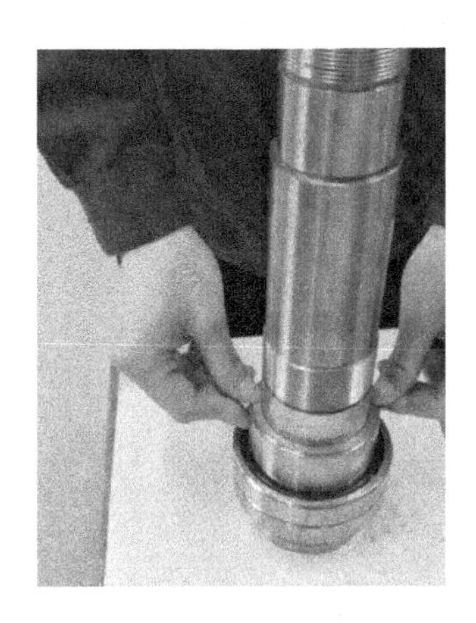

图 2-19　安装内隔套

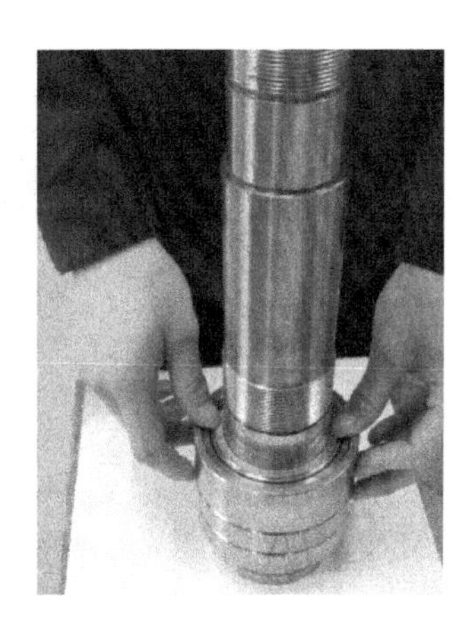

图 2-20　安装外隔套

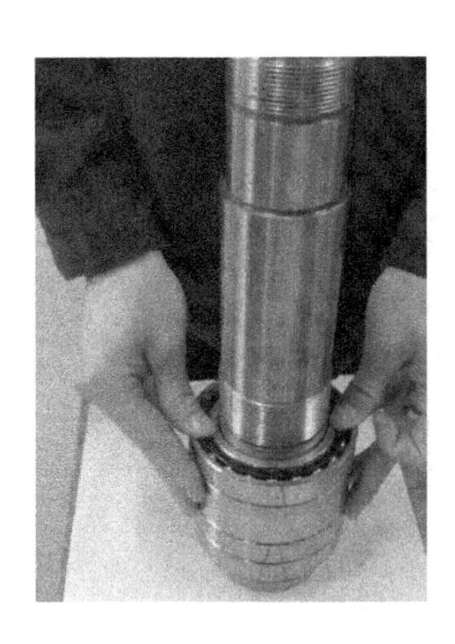

图 2-21　安装第 3 个前轴承

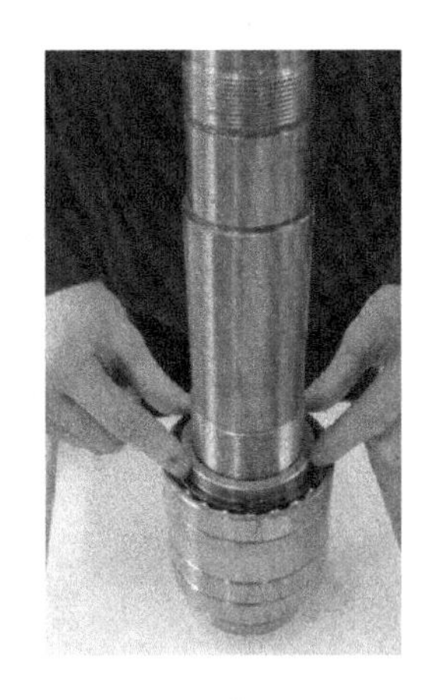

图 2-22　安装前隔套

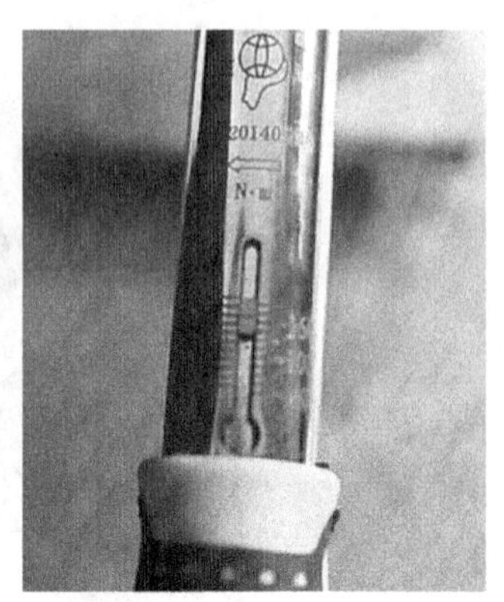

图 2-23　安装前锁紧螺母

a)　　　　　　b)

图 2-24　调整外隔套与心轴同心

9）磁力表座不动，让表头接触轴承外圈端面，转动外圈检查轴向圆跳动允差，如图2-25a所示。轴向圆跳动允差≤0.02mm。如果允差超出范围，使用铜棒敲击最低点对侧锁紧螺母，如图 2-25b 所示。

a)　　　　　　b)

图 2-25　调整外圈轴向圆跳动允差

10）磁力表座吸轴承外圈，表头接触后轴承接触圆处，检查其回转跳动量，如回转跳动量 >0.004mm，则用铜棒敲击调整，如图 2-26 所示。回转跳动量应≤0.004mm。

11）将已装配好的主轴部件装入主轴套筒中，如图 2-27 所示。

图 2-26　检查回转跳动量

图 2-27　装入主轴套筒

12）安装前法兰盘，用 6 个 M6 ×20 螺钉紧固，如图 2-28 所示。

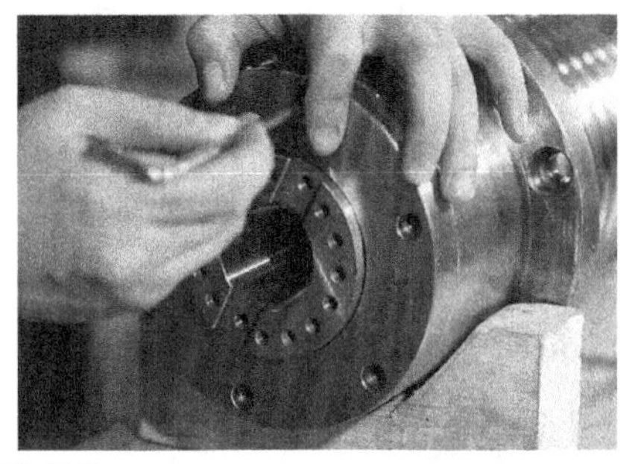

图 2-28　安装前法兰盘

13）将后轴承内圈加热后，标记开口朝上装入主轴套筒，如图 2-29 所示。

a)

b)

c)

图 2-29　安装后轴承

14）安装后隔套，如图 2-30 所示。

图 2-30 安装后隔套

15）安装后法兰盘，用 4 个 M6×25 螺钉紧固，如图 2-31 所示。

16）安装后锁紧螺母，并用钩形扳手锁紧，扭矩值 166N·M，如图 2-32 所示。

17）安装同步带轮、胀套，用螺钉紧固，保证带轮与螺母轴向间隙≤0.5mm，如图 2-33 所示。

18）安装反扣盘，用螺钉紧固，如图 2-34 所示。

19）按主轴部件精度检验单锥孔跳动要求，允差≤0.006mm，如果跳动量>0.006mm，则用铜棒敲击调整，如图 2-35 所示。

图 2-31 安装后法兰盘

图 2-32 安装后锁紧螺母

图 2-33 安装同步带轮、胀套

图 2-34　安装反扣盘

图 2-35　检验单锥孔跳动

20）检查主轴表面有无损伤，修饰后涂防锈油，如图 2-36 所示。

图 2-36　检查、涂防锈油

做一做　1）请学生根据实际操作的设备，绘制装配图、三维结构图。

2）请学生根据所学的知识，完成整个拆装过程的幻灯片（PPT）。

3）请学生根据所学的内容，自己组织文字详细填写表 2-3。

表 2-3　主轴装配工艺卡

<table>
<tr><td colspan="2" rowspan="2">装配工艺卡</td><td>产品型号</td><td></td><td>图号</td><td></td><td rowspan="2">第　页</td></tr>
<tr><td>装配人员</td><td></td><td>内容</td><td></td></tr>
<tr><td>工序号</td><td>工序内容</td><td>技术要求</td><td colspan="2">仪器及工艺装备</td><td colspan="2">图片</td></tr>
<tr><td></td><td></td><td></td><td colspan="2"></td><td colspan="2"></td></tr>
<tr><td></td><td></td><td></td><td colspan="2"></td><td colspan="2"></td></tr>
<tr><td></td><td></td><td></td><td colspan="2"></td><td colspan="2"></td></tr>
</table>

晒一晒　请学生把所绘制的图、所做的幻灯片（PPT）、所填写的工艺卡展示给其他学生，分享成果，晒一晒成功的喜悦。

思一思 请学生根据自己所学、所做、所晒的内容，思考一下自己是否能够独立完成所有内容？

检查评价

对任务实施的完成情况进行检查，并将结果填入表2-4中。

表2-4 主轴任务评价表

序号	项目	分值	自我测评	小组测评	教师测评
			得分	得分	得分
1	拆卸	15			
2	装配与调整	15			
3	幻灯片(PPT)	15			
4	工艺卡	15			
5	绘图	15			
6	成果展示	15			
7	安全文明生产	10			
8	合计	100			
9	自我评语				
10	小组评语				
11	教师评语				

问题及防治

在学生进行任务实施实训过程中，时常会遇到如下的问题。

问题：零件孔加工时表面粗糙度值太大，无法使用。

原因：主要原因是主轴轴承的精度降低或间隙增大。

防治措施：调整轴承的预紧量，经几次调试，主轴恢复了精度，加工孔的表面粗糙度值也达到了要求。

知识拓展

一、传动带

主要传动带，如图2-37所示。

1. 多联V形带

多联V形带又称为复合V形带，有双联和三联两种，每种都有3种不同的截面，横截面呈楔形，楔角为40°，如图2-38所示。

2. 多楔带

多楔带综合了V形带和平带的优点，运转时振动小。发热少，运转平稳，重量轻，因

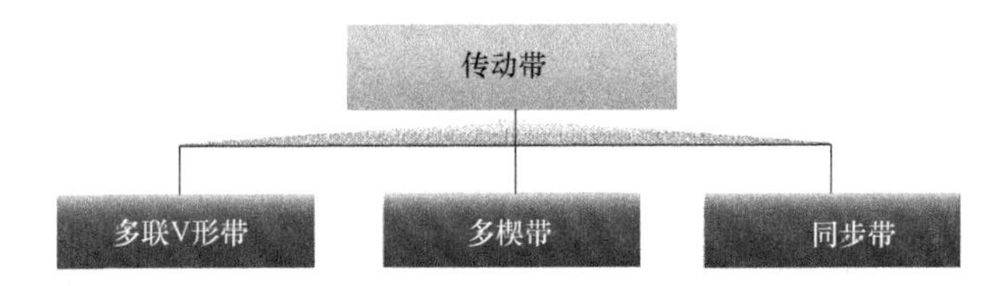

图 2-37　主要传动带

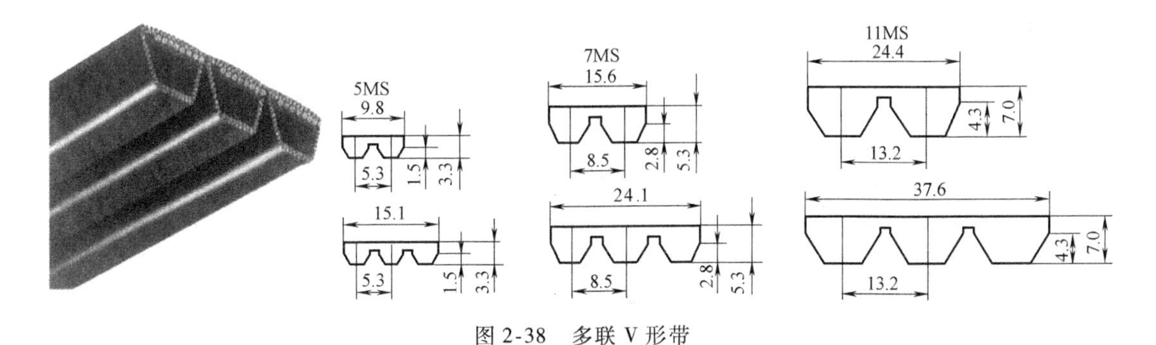

图 2-38　多联 V 形带

此可在 40m/s 的线速度下使用，如图 2-39 所示。

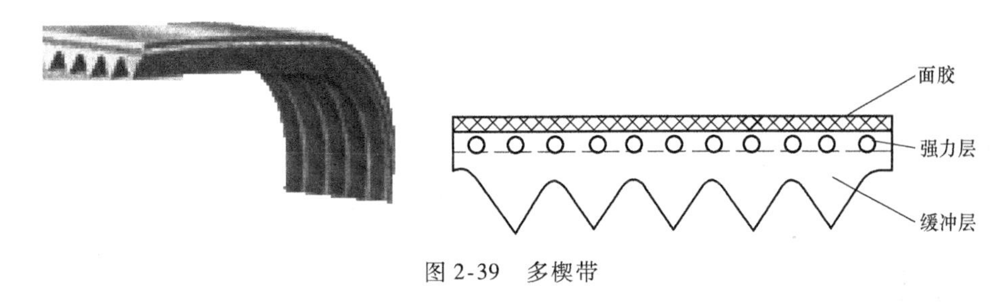

图 2-39　多楔带

3. 同步带

(1) 同步带简介　同步带根据齿形不同又分为梯形齿同步带和齿圆弧同步带，如图2-40所示。

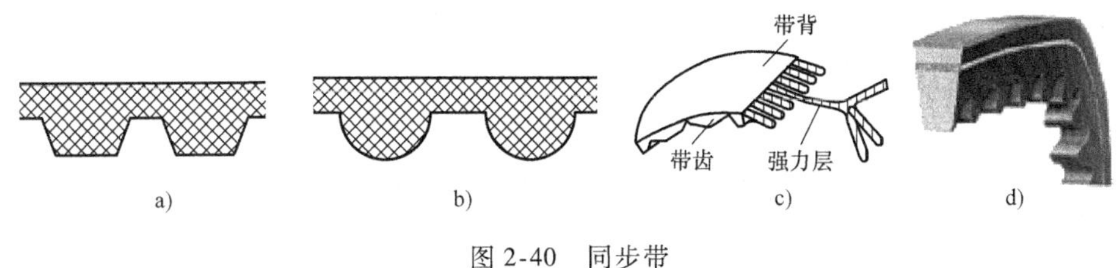

图 2-40　同步带

a) 梯形齿　b) 圆弧齿　c) 结构图　d) 实物图

(2) 应用同步带的注意事项

1) 为了使转动惯量小，带轮由密度小的材料制成。带轮所允许的最小直径，根据有效齿数及平带包角，由同步带厂确定。

2) 为了避免离合器引起的附加转动惯量，在驱动轴上的带轮应直接安装在电动机轴上。

3) 为了对同步带长度的制造公差进行补偿并防止间隙，同步带必须预加载。预加载的方法可以是电动机的径向位移或是安装张力轮。

4）较长同步带（大于带宽9倍）为衰减带振动常用张力轮。

二、主轴轴承

1. 轴承分类

主轴轴承是主轴的重要组成部分。在数控机床上常用的主轴轴承有滚动轴承和滑动轴承。

（1）滚动轴承　根据滚动体的结构，滚动轴承分为球轴承，圆柱滚子轴承和圆锥滚子轴承。常用滚动轴承，如图2-41所示。

a)

b)

c)

图2-41　常用滚动轴承

a）双列推力角接触球轴承　b）双列圆锥滚子轴承　c）圆柱滚子轴承

（2）滑动轴承　在数控机床上最常使用的滑动轴承是静压滑动轴承。静压滑动轴承的油膜压强，是由液压缸从外界供给，与主轴转与不转、转速的高低无关（忽略旋转时的动压效应）。它的承载能力不随转速而变化，而且无磨损，起动和运转时摩擦阻力力矩相同，因此静压滑动轴承的刚度大，回转精度高，但静压滑动轴承需要一套液压装置，成本较高。

2. 滚动轴承的配置

滚动轴承的配置，如图2-42所示。图2-42a所示配置可以满足机床强力切削的要求，普遍应用于各类数控机床的主轴，如数控车床、数控铣床、加工中心等。图2-42b所示配置适合主轴要求在较高转速下工作的数控机床，在立式、卧式加工中心机床上得到广泛应用，满足了这类机床转速范围大、最高转速高的要求。图2-42c所示配置能使主轴承受较重载荷（尤其是承受较强的动载荷），径向和轴向刚度高，安装和调整性好。

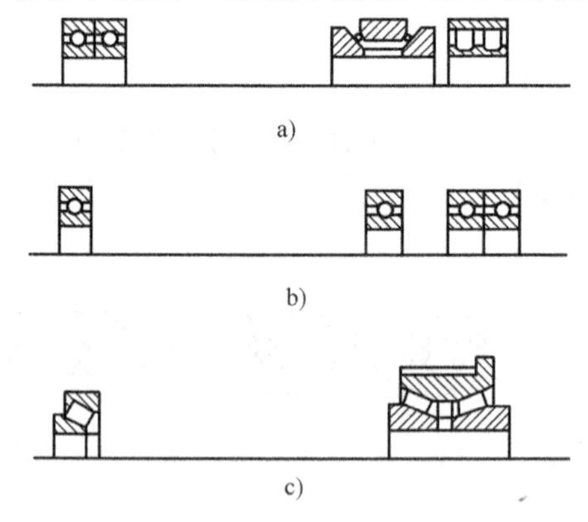

图2-42　滚动轴承的配置

3. 滚动轴承的预紧

轴承预紧是使轴承滚道预先承受一定的载荷，不仅能消除间隙而且还使滚动体与滚道之间发生一定的变形，从而使接触面积增大，轴承受力时变形减少，抵抗变形的能力增大。对主轴滚动轴承进行预紧和合理选择预紧量，可以提高主轴的旋转精度、刚度和抗振性。滚动轴承的预紧通常是通过轴承内、外圈相对轴向移动来实现的。

主轴滚动轴承的预紧，常用的方法有轴承内圈移动、修磨座圈或隔套和自动预紧。

1）轴承内圈移动，如图2-43所示。

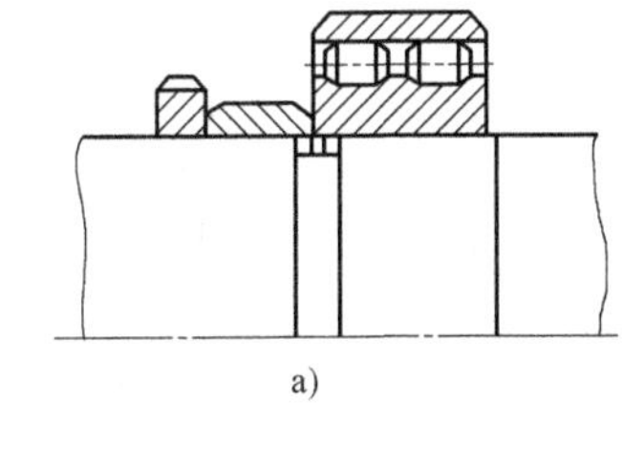

a)

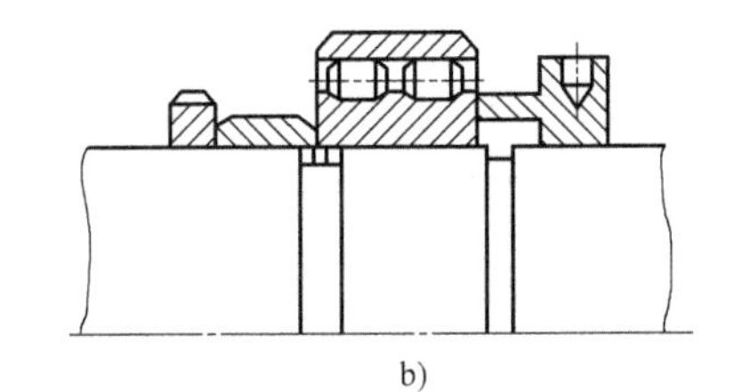

b)

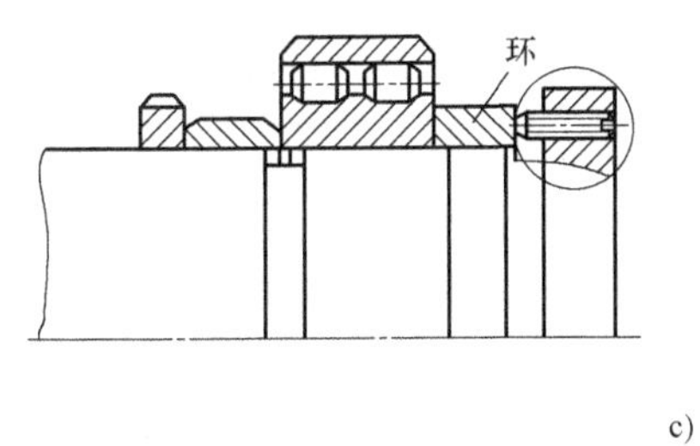

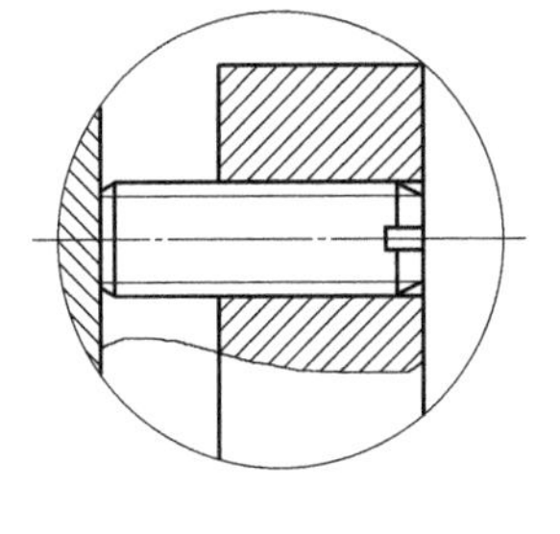

c)

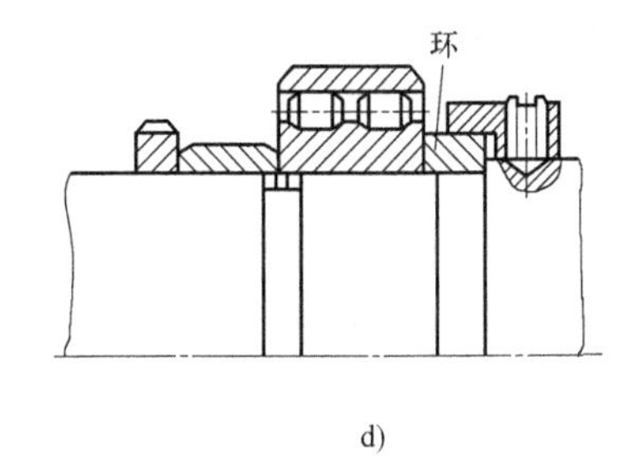

d)

图 2-43　轴承内圈移动

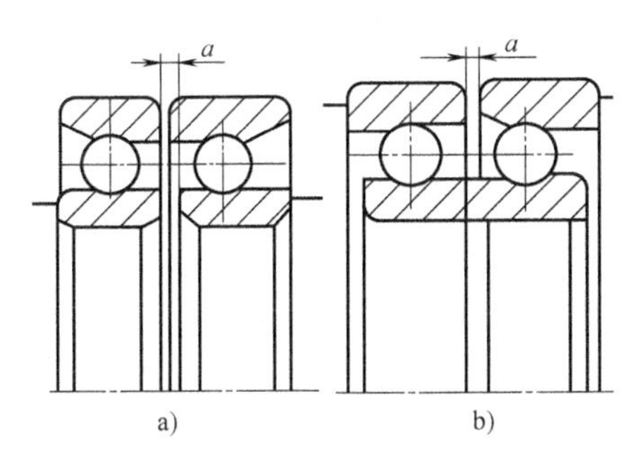

a)　b)

图 2-44　修磨座圈

2）修磨座圈或隔套，如图 2-44 和图 2-45 所示。

3）自动预紧，如图 2-46 所示。

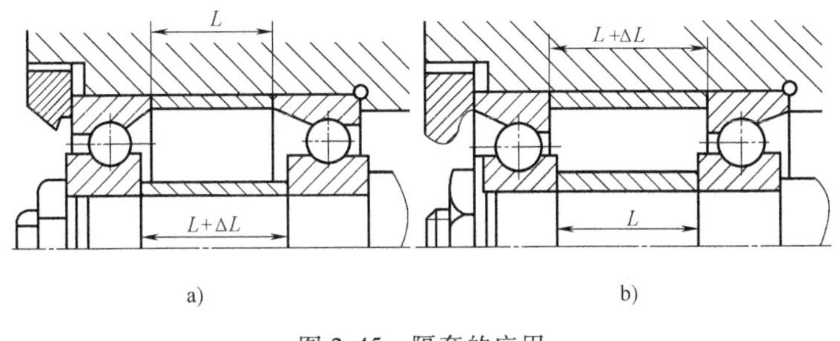

a)　b)

图 2-45　隔套的应用

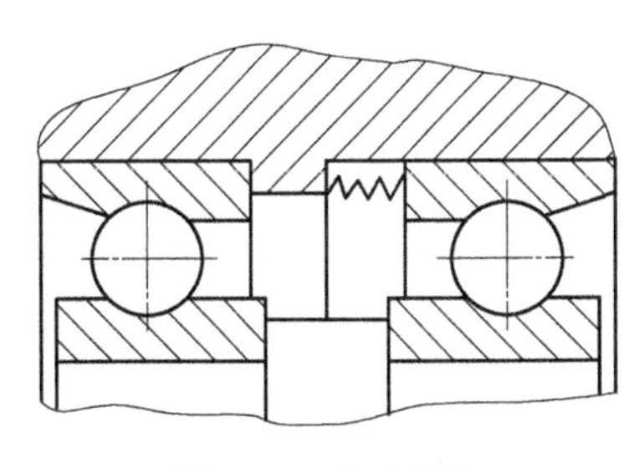

图 2-46　自动预紧

【思考与练习】

一、填空题

1. 滚动轴承的预紧通常是通过轴承内、外圈相对轴向移动来实现的。常用的方法有______________、______________和______________三种。

2. 液体静压轴承装置主要由____________、节流器和____________三部分组成。

3. 主轴的接触式密封主要有________________和________________密封。

4. 在数控机床上最常使用的滑动轴承是________________。

5. 高速切削技术的发展，采用了________________和________________等。

6. 分段无级变速的方式有________________、通过带传动的主传动、用两个电动机分别驱动主轴、________________等。

7. 多联V形带又称为________________，有________和________两种，横截面呈楔形，楔角为________。

8. 数控机床上常用的多楔带有________齿距为2.4mm、________齿距为________、________齿距为9.5mm三种规格。

9. 同步带根据齿形不同又分为________________和________________。

10. 加工中心上常用节距为________或________的同步带，型号为________或________。

11. 数控机床的高速主轴单元包括________、________、________和机架等几个部分。

12. 主轴是机床的一个关键部件，它包括____________、安装在主轴上的________等。

13. ________________克服了梯形齿同步带的缺点，均化了应力，改善了啮合，因此在加工中心上，无论是主传动还是伺服进给传动，当需要用带传动时，总是优先考虑采用它。

二、选择题

1. 在带有齿轮传动的主传动系统中，齿轮的换档主要都靠（　　）拨叉来完成。

A. 气压　　B. 液压　　C. 电动

2. 为了实现带传动的准确定位，常用多楔带和（　　）。

A. 同步带　　B. V形带　　C. 平带　　D. 多联V形带

3. 电主轴是精密部件，在高速运转情况下，任何（　　）进入主轴轴承，都可能引起振动，甚至使主轴轴承咬死。

A. 微尘　　B. 油气　　C. 杂质

4. 多楔带运转时振动小、发热少，运转平稳，重量轻，因此可在（　　）的线速度下使用。

A. 40m/s　　B. 50m/s　　C. 60m/s

5. 多楔带与带轮的接触好，负载分配均匀，即使瞬时超载，也不会产生打滑，而传动功率比V形带大（　　）。

A. 15%～25%　　B. 20%～30%　　C. 25%～30%

6. （　　）具有带传动和链传动的优点，与一般的带传动相比，它不会打滑，且不需要很大的张紧力，减少或消除了轴的静态径向力，传动效率高达98%～99.5%，可用于60～80m/s的高速传动。

A. 多楔带传动　　B. V形带传动　　C. 同步带传动

7. 为了保证数控机床能满足不同的工艺要求，并能够获得最佳切削速度，主传动系统的要求是（　　）。

A. 无级调速　　B. 变速范围宽

C. 分段无级变速　　D. 变速范围宽且能无级变速

8. 主轴采用带传动变速时，一般常用（　　）。

A. V形带　　B. 多联V形带　　C. 平带　　D. O形带

9. 主轴采用（　　）变速时，其滑移齿轮的位移常用液压拨叉和电磁离合器两种方式。

A. 齿轮分段　　B. 液压涡轮　　C. 变频器　　D. 齿轮齿条

三、判断题（正确的画“√”，错误的画“×”）

1.（　　）多联V形带的横截面呈楔形，楔角为29°。

2.（　　）轴承受力时变形减少，抵抗变形的能力增大。

项目二　数控铣床/加工中心进给传动装置装配与调整

知识目标： 1. 掌握数控铣床/加工中心进给传动装置装配与调整的精度要求。

2. 掌握数控铣床/加工中心进给传动装置装配图的识图知识。

3. 掌握数控铣床/加工中心进给传动装置的结构、工作原理。

能力目标： 1. 能对数控铣床/加工中心进给传动装置进行拆卸。

2. 能对数控铣床/加工中心进给传动装置进行装配与调整。

素质目标： 1. 养成独立思考和动手操作的习惯。

2. 培养小组协调能力和互相学习的精神。

工作任务

本任务要求对数控铣床/加工中心进给传动装置（十字滑台）进行拆卸和装配与调整，计划步骤见表2-5。

表2-5　进给传动装置（十字滑台）进行拆卸和装配与调整的计划步骤

序　号	步　骤
1	十字滑台拆卸
2	十字滑台装配与调整
3	成果展示
4	评价

相关理论

一、十字滑台的工作原理

十字滑台是指由两组直线滑台按照X轴方向和Y轴方向组合而成的组合滑台，通常也称为坐标轴滑台、XY轴滑台。十字滑台把X轴固定在Y轴的滑台上，这样X轴上的滑块就是运动对象，即可由Y轴控制滑块的Y方向运动，当然也可以由X轴控制滑块的X方向运动，其运动方式一般由外置驱动来实现。这样就可以实现让十字滑块在平面坐标上完成定点运动、线性或者曲线运动。

二、装配图

1）底座台装配图，如图2-47所示。

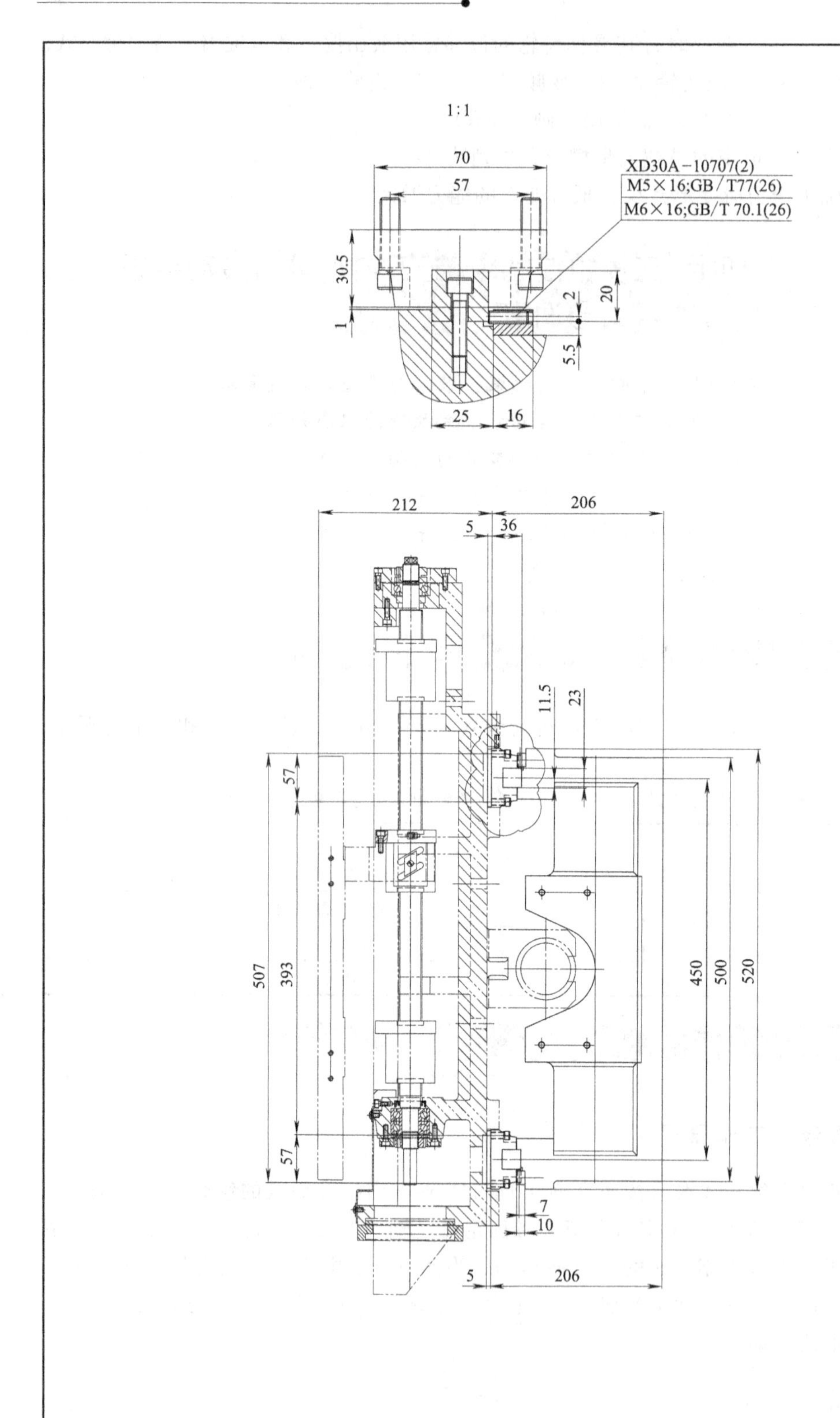
1:1
70
57
XD30A-10707(2)
M5×16;GB/T77(26)
M6×16;GB/T 70.1(26)
30.5
1
2
20
5.5
25
16
212
206
5
36
11.5
23
57
507
393
57
450
500
520
7
10
5
206

图 2-47　底座台

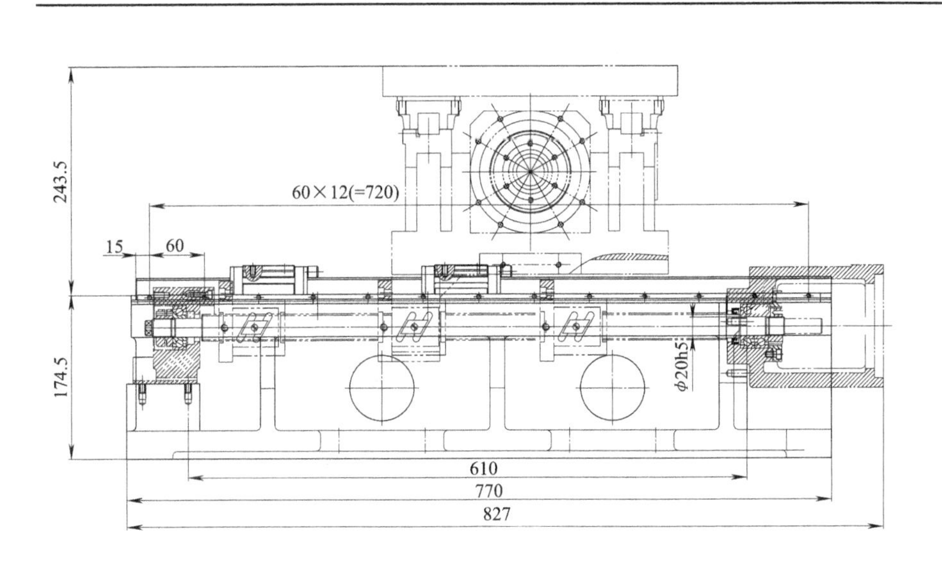

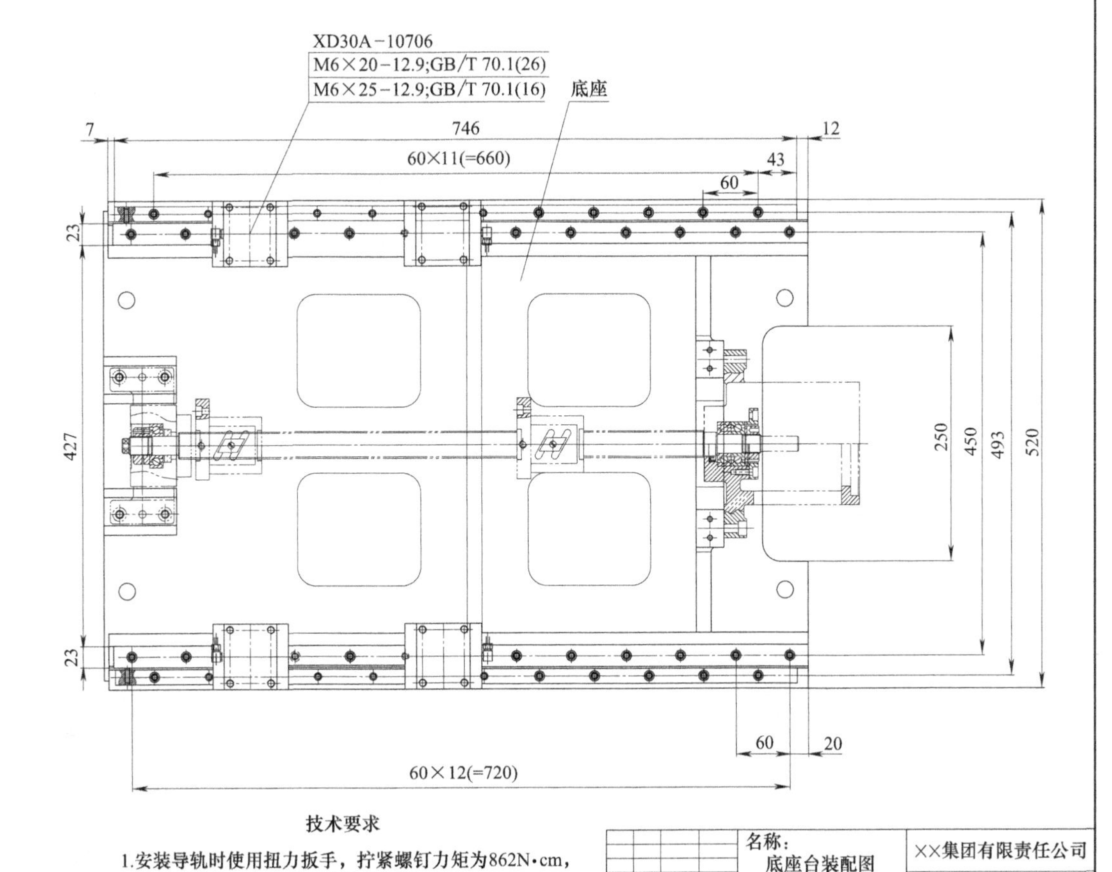

技术要求

1.安装导轨时使用扭力扳手，拧紧螺钉力矩为862N·cm，拧紧顺序是从中央到两端依次拧紧。
2.工作台装上定位后，滑块螺钉的拧紧顺序是对角线拧紧。
3.导轨滑块打满润滑脂。

				名称：底座台装配图			××集团有限责任公司
标记 处数	签字	日期					型号：V-6015
设计	标准化			图样标记	重量	比例	
审核	审定					1:3	图号：V6015-1001
主管设计	批准						
工艺	日期	2014.07		共1页		第1页	

装配图

2）X 轴伺服驱动装配图，如图 2-48 所示。

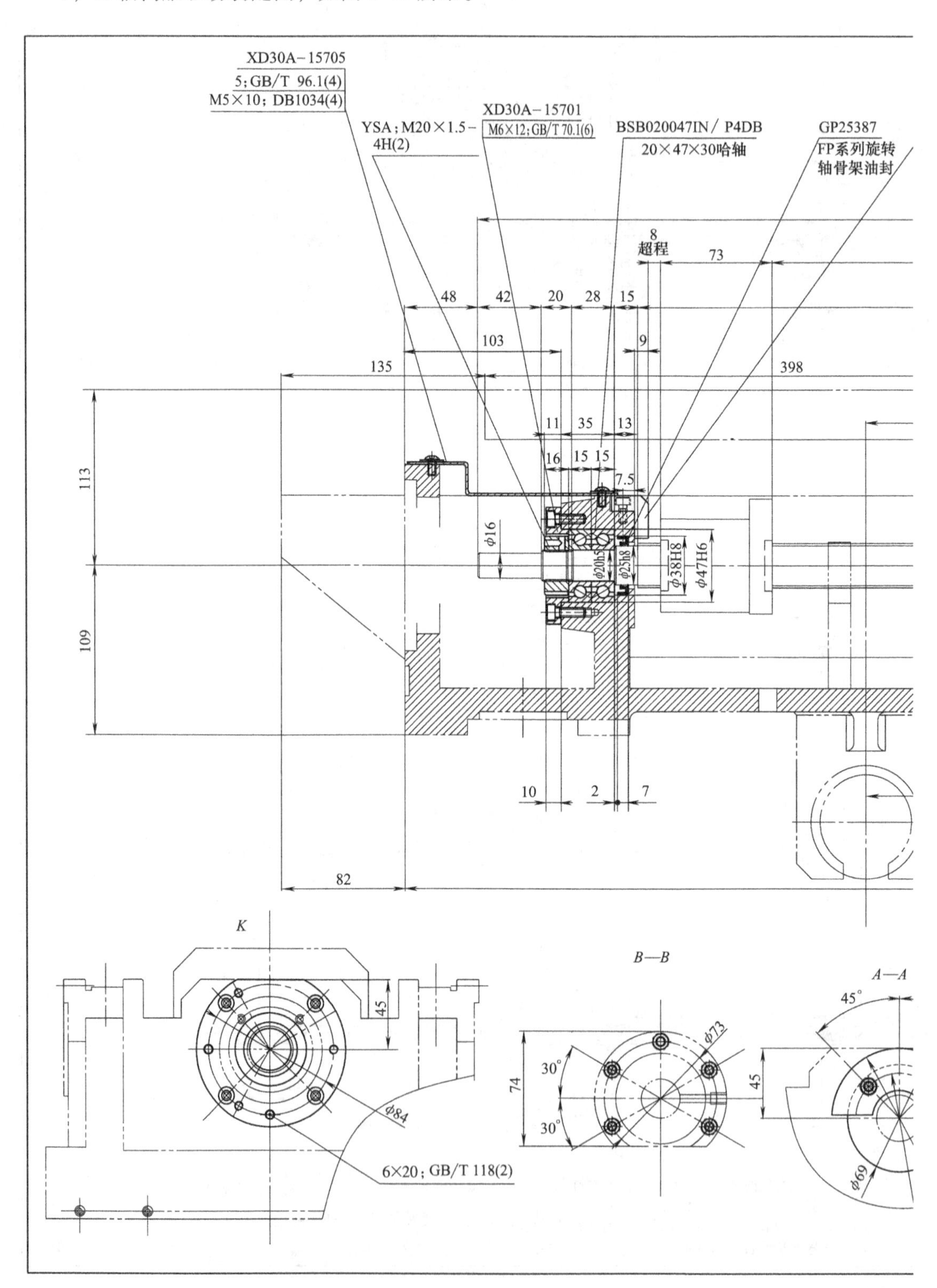

图 2-48　X 轴伺

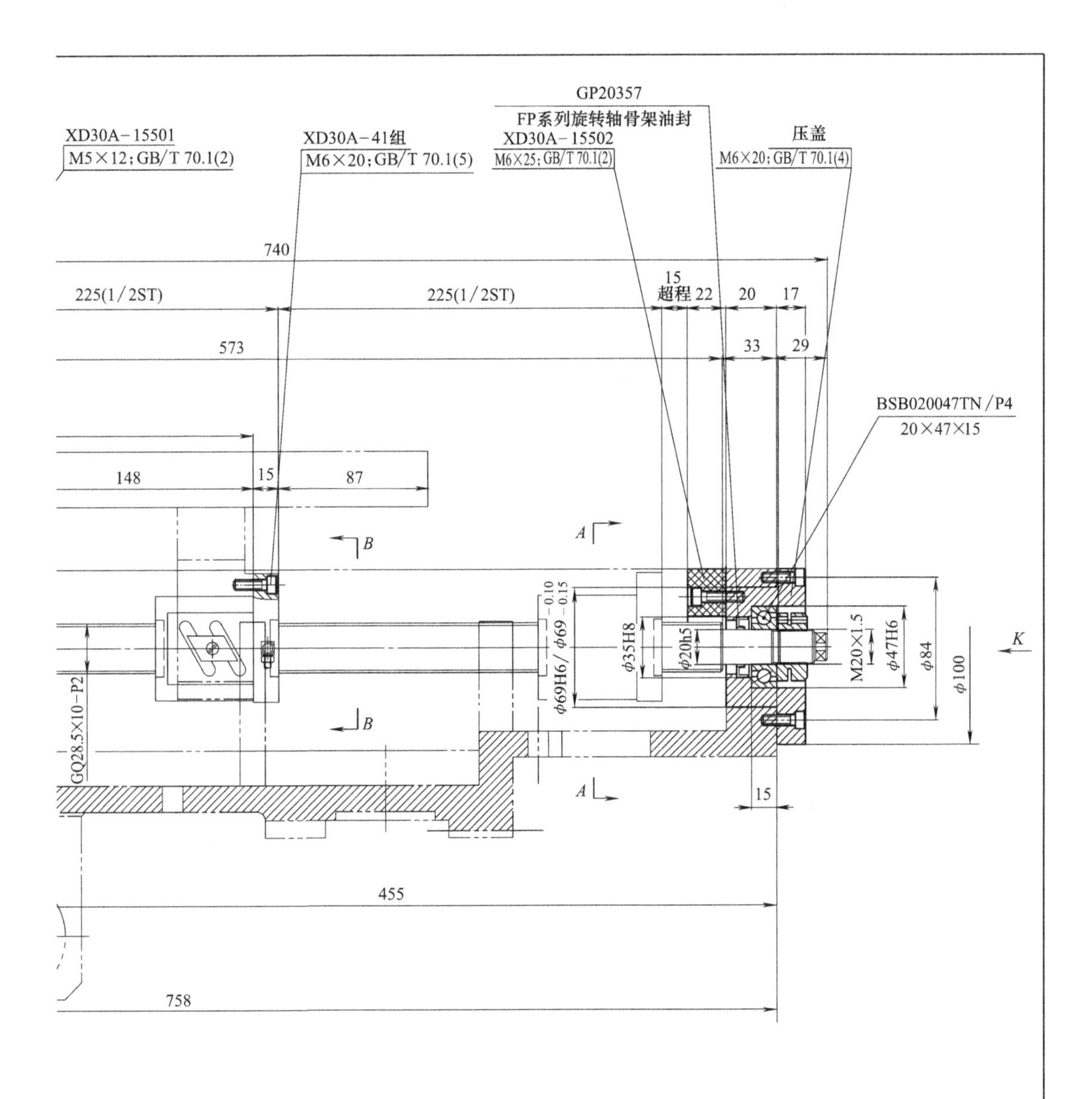

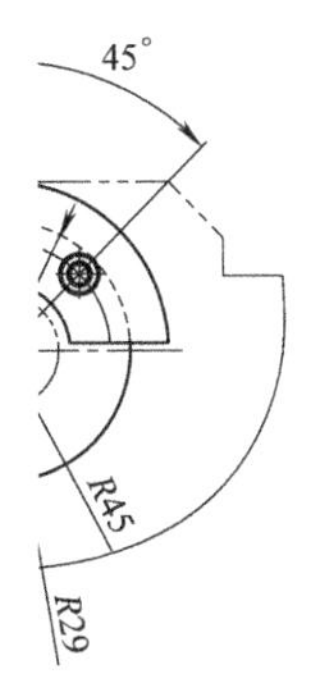

技术要求

1.精密锁紧螺母YSA M20×1.5－4H的锁紧螺钉的扭紧力矩最大为 4.5N•m，须用扭力扳手扭紧。

2.轴承处装高速润滑脂，润滑脂推荐的牌号及填充量参考表1、表2。

3.轴承后盖XD30A－15701与基座结合面间隙，在拧螺母前间隙为0.01～0.03mm。

4.丝杠拉伸量为0.018mm。

5.轴承座701位置调整好后，配铰锥销固定。

表1 润滑脂牌号和性能

牌号	制造厂家	稠化剂	基油	基油黏度/(mm²/s)(40℃)	滴点/℃	使用温度范围/℃
Alvania2	昭和壳牌石油	锂基	矿物油	130	182	−10～+110
MobiluxEP2	美孚	锂基	矿物油	150	190	−29～+121

表2 润滑脂填充量

轴承型号	推荐润滑脂填充量/(cc/个)	极限转速/(r/min)
BSB020047TN/P4	2.2	3000

标记	处数	签字	日期	名称：X轴伺服驱动装配图			××集团有限责任公司
设计		标准化		图样标记	重量	比例	型号：V－6015
审核		审定				1∶15	图号：V6015－1501
主管设计		批准					
工艺		日期		共1页		第1页	

服驱动装配图

3）Y 轴伺服驱动装配图，如图 2-49 所示。

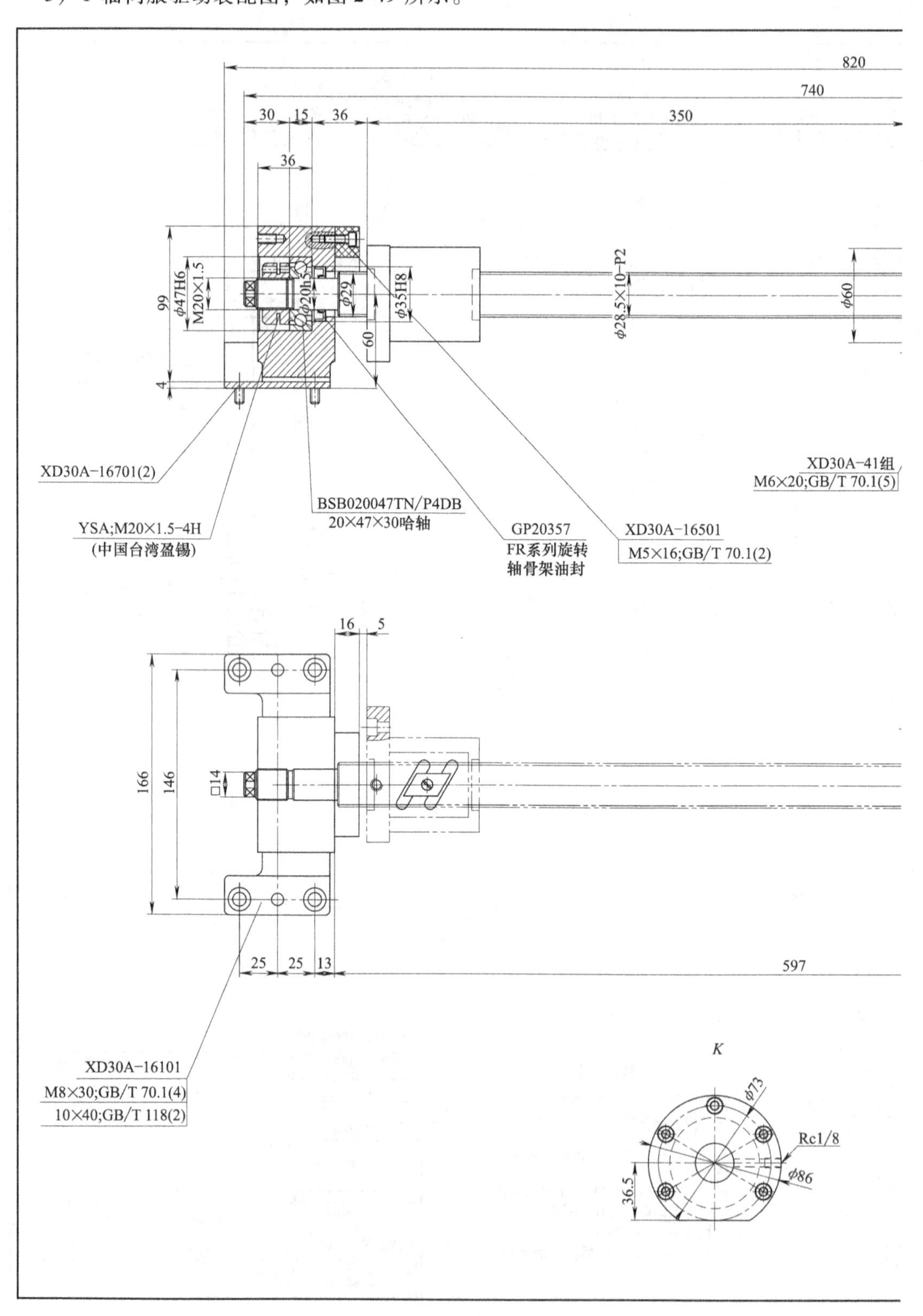

图 2-49

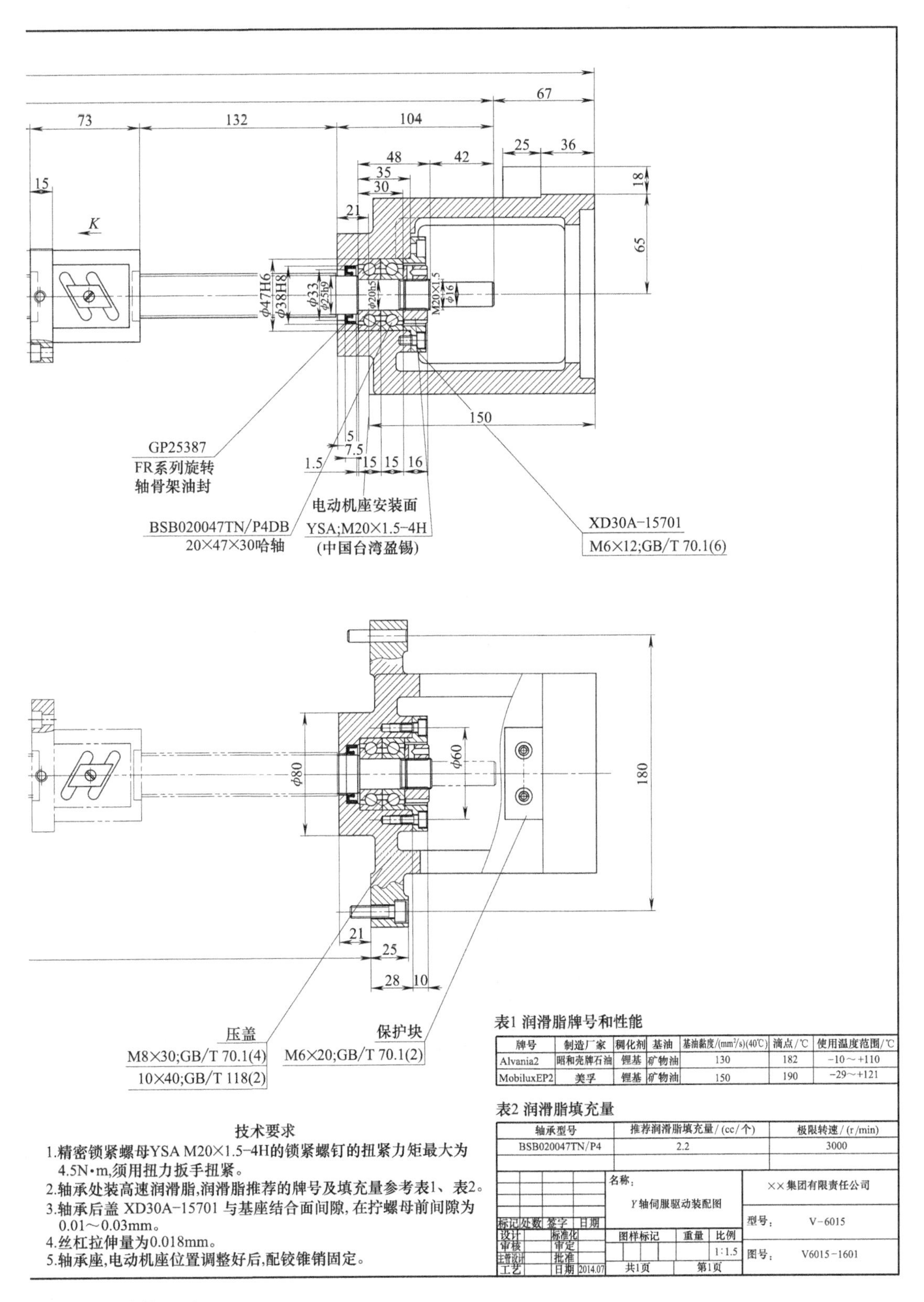

表1 润滑脂牌号和性能

牌号	制造厂家	稠化剂	基油	基油黏度/(mm²/s)(40℃)	滴点/℃	使用温度范围/℃
Alvania2	昭和壳牌石油	锂基	矿物油	130	182	-10～+110
MobiluxEP2	美孚	锂基	矿物油	150	190	-29～+121

表2 润滑脂填充量

轴承型号	推荐润滑脂填充量/(cc/个)	极限转速/(r/min)
BSB020047TN/P4	2.2	3000

Y 轴伺服驱动装配图

4）十字滑台装配图，如图 2-50 所示。

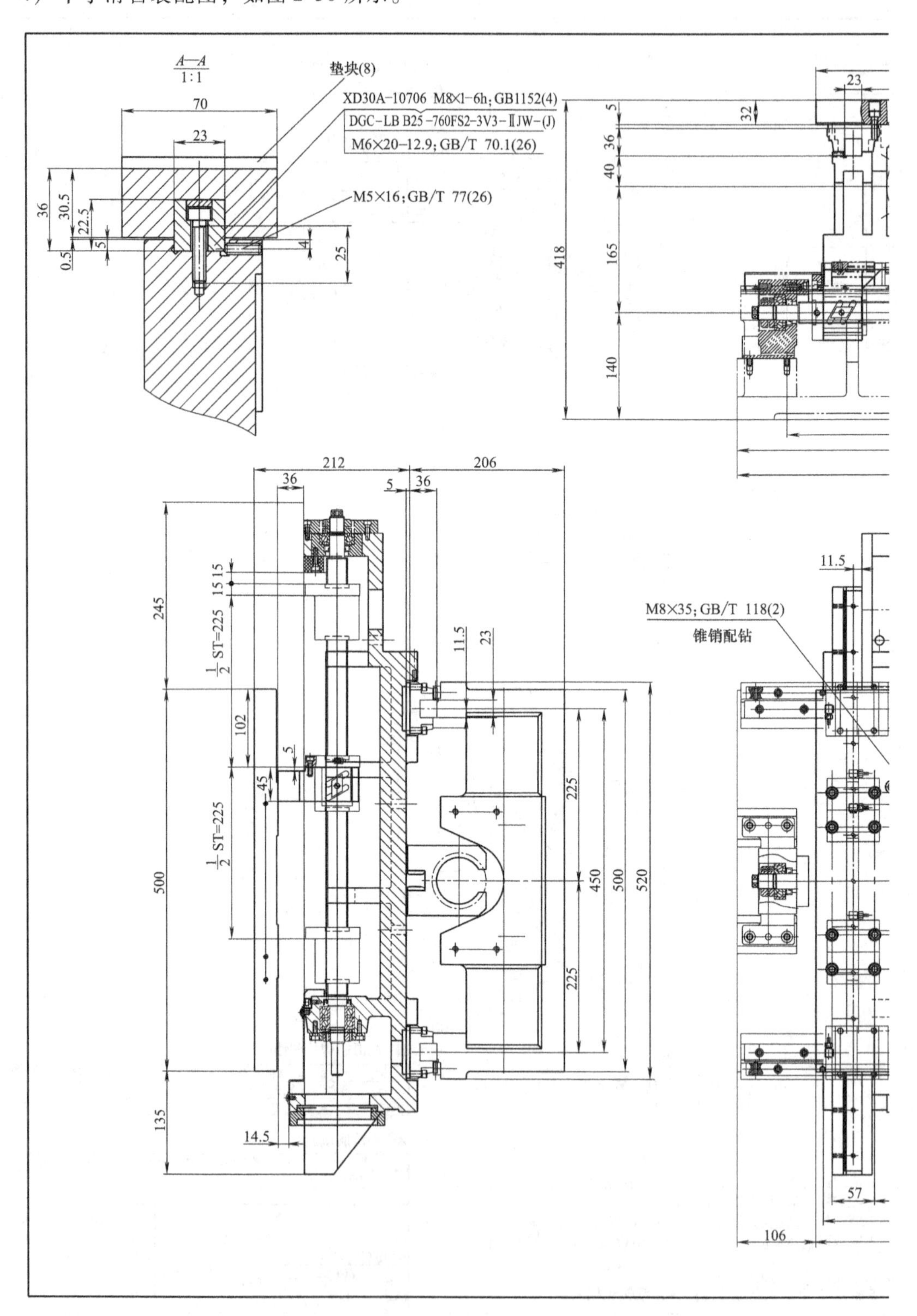

图 2-50

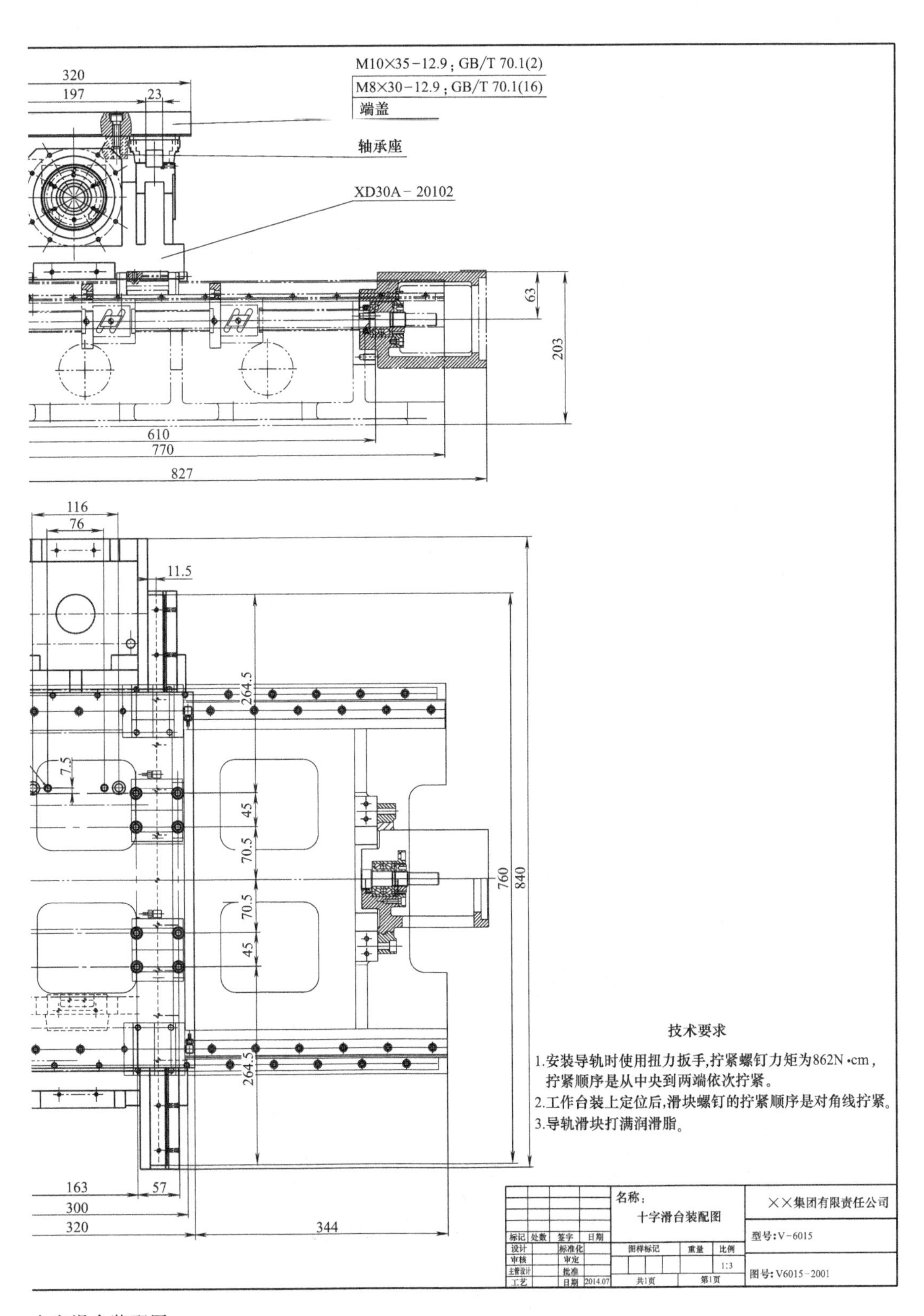
M10×35-12.9；GB/T 70.1(2)
M8×30-12.9；GB/T 70.1(16)
端盖
轴承座
XD30A-20102
320
197
23
63
203
610
770
827
116
76
11.5
264.5
7.5
45
70.5
70.5
45
264.5
760
840
163
57
300
320
344
技术要求
1.安装导轨时使用扭力扳手,拧紧螺钉力矩为862N·cm，拧紧顺序是从中央到两端依次拧紧。
2.工作台装上定位后,滑块螺钉的拧紧顺序是对角线拧紧。
3.导轨滑块打满润滑脂。
名称：
十字滑台装配图
××集团有限责任公司
型号：V-6015
图号：V6015-2001
标记
处数
签字
日期
设计
标准化
审核
审定
主管设计
批准
工艺
日期
2014.07
图样标记
重量
比例
1:3
共1页
第1页

十字滑台装配图

任务实施

一、数控铣床/加工中心进给传动装置拆卸

1. 工具准备

拆卸的主要工具，如图 2-51 所示。

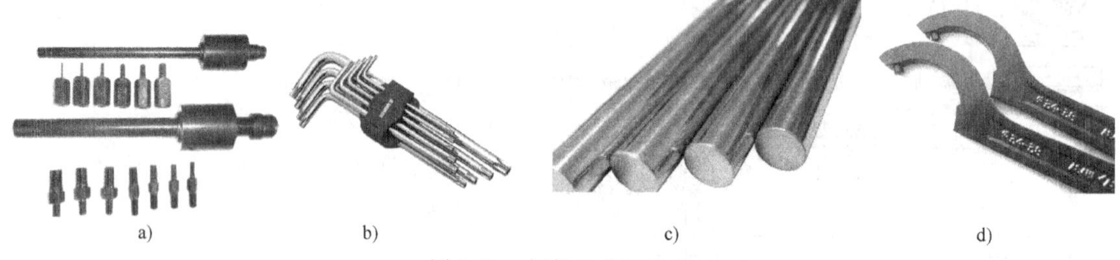

图 2-51　拆卸的主要工具

a）拔销器　b）内六角扳手　c）铜棒　d）钩形扳手

2. 拆卸工作平台

标记工作平台上的定位销与螺钉。先用拔销器拆卸 2 个定位销，然后用内六角扳手拆卸 2 个工作平台与 X 轴丝杠螺母的连接螺钉，最后用内六角扳手拆卸 16 个工作平台与 X 轴导轨滑块的连接螺钉，拆下工作平台放入指定的位置，如图 2-52 所示。

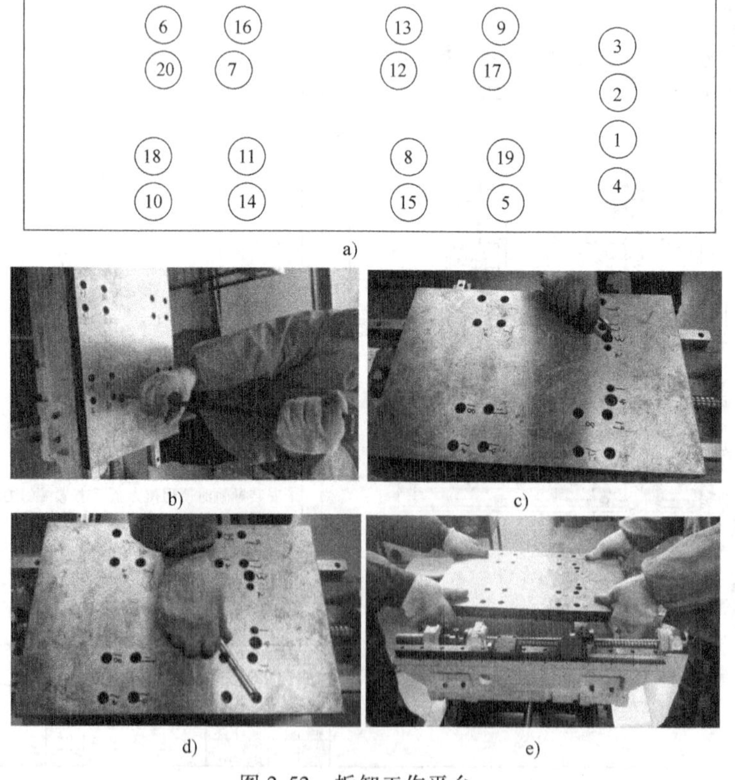

图 2-52　拆卸工作平台

a）标顺序　b）拆卸定位销　c）、d）拆卸螺钉　e）拆下工作平台

3. 拆卸垫块、丝杠螺母连接座

标记并拆卸 X 轴导轨滑块与工作平台之间的垫块，拆卸 X 轴丝杠螺母与螺母连接座的连接螺钉，移除丝杠螺母连接座，如图 2-53 所示。

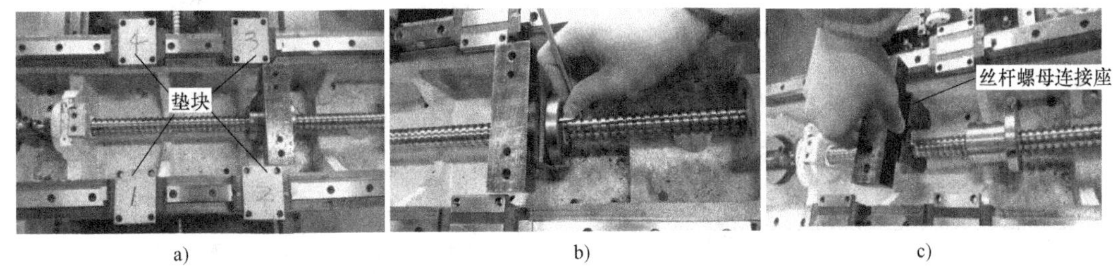

a)　b)　c)

图 2-53　拆卸垫块、丝杠螺母连接座

a）拆卸垫块　b）、c）拆卸丝杠螺母连接座

4. 拆卸防护块

拆下保护块锁紧螺钉，移除防护块，如图 2-54 所示。

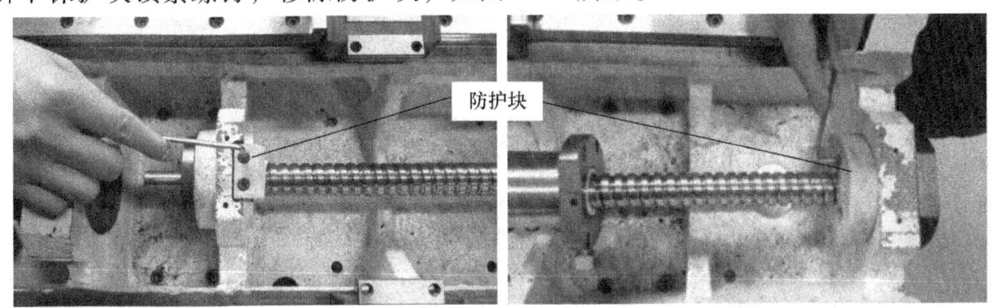

图 2-54　拆卸防护块

5. 拆卸锁紧螺母、压盖

松开 X 轴丝杠两端的锁紧螺母上的锁紧螺钉并用钩形扳手拆卸下锁紧螺母，松开 X 轴两端压盖上的锁紧螺钉并拆卸下压盖，如图 2-55 所示。

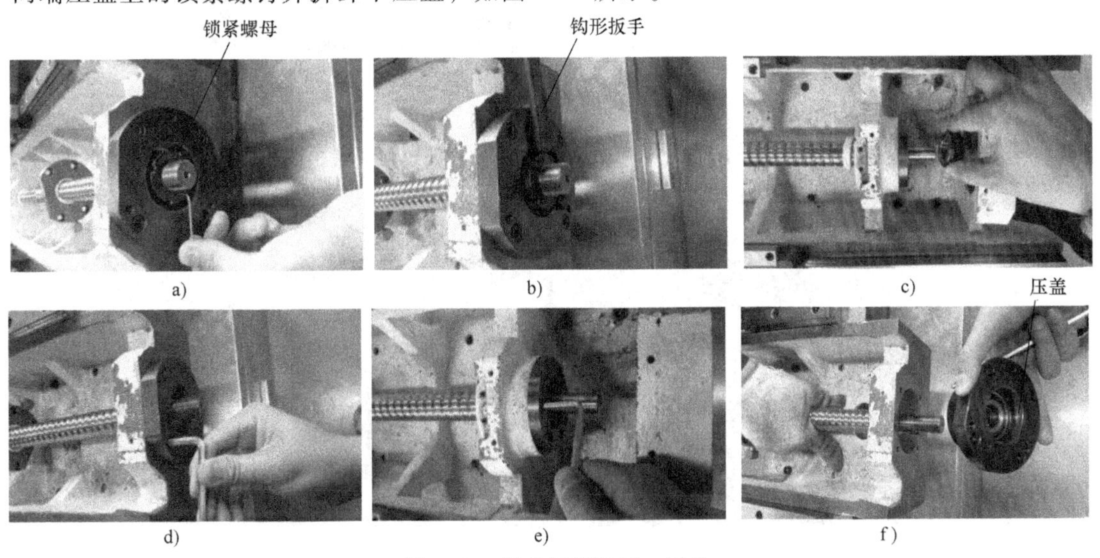

a)　b)　c)

d)　e)　f)

图 2-55　拆卸锁紧螺母、压盖

a）、b）、c）拆卸锁紧螺母　d）、e）、f）拆卸压盖

6. 拆卸丝杠、轴承

取出 X 轴丝杠，拆下电动机座端的轴承，如图 2-56 所示（注意丝杠螺母禁止拆下）。

7. 拆卸导轨

松开 X 轴导轨基座侧面的紧固螺钉，松开 X 轴导轨上面的紧固螺钉，拆下导轨放入指定位置，如图 2-57 所示（注意滑块禁止拆下）。

8. 拆卸 X 轴基座

依次拆卸 X 轴基座与 Y 轴导轨滑块的连接螺钉，拆卸 Y 轴丝杠螺母与 X 轴基座的连接螺钉；转动丝杠螺母将 Y 轴丝杠螺母移出基座，拆卸 X 轴基座，如图 2-58 所示。

9. 拆卸保护块、锁紧螺母等

拆卸 Y 轴丝杠两端保护块，松开锁紧螺母的锁紧螺钉，拆卸锁紧螺母；松开丝杠压盖连接螺钉，

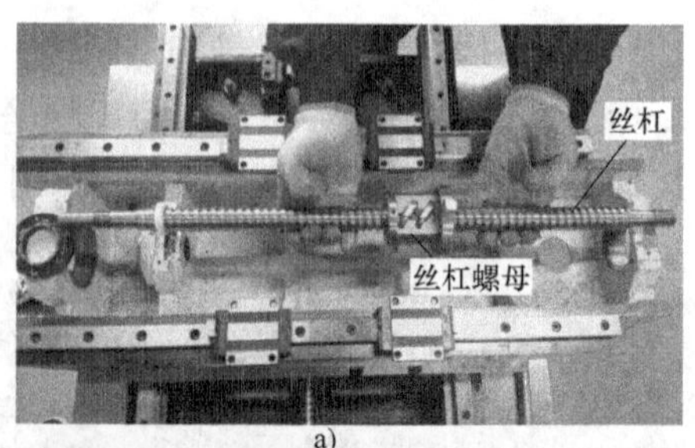

a)

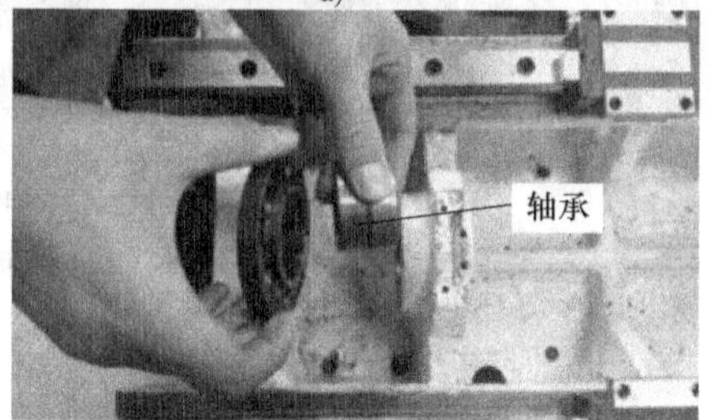

b)

图 2-56　拆卸丝杠、轴承

a）拆卸丝杠　b）拆卸轴承

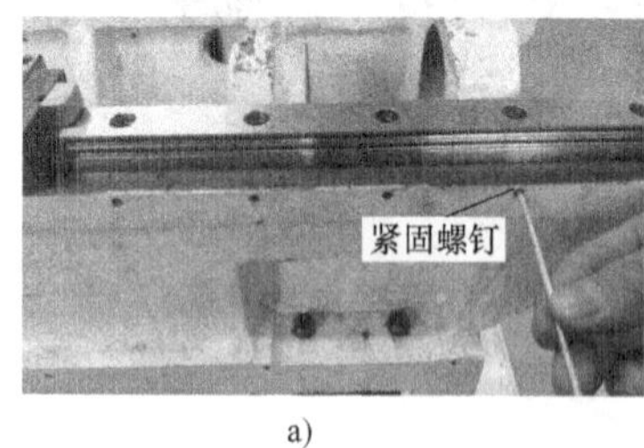

a)

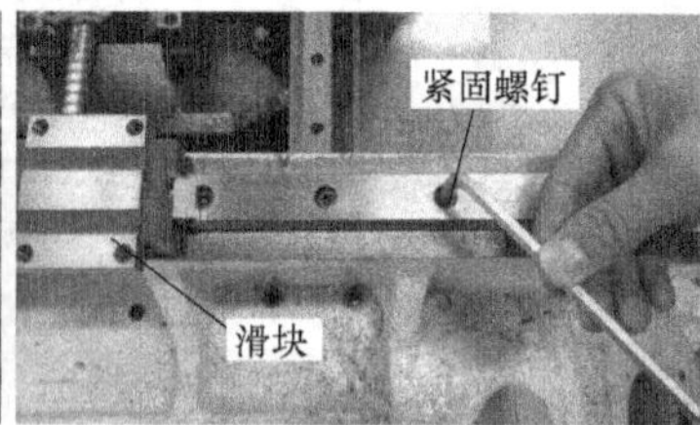

b)

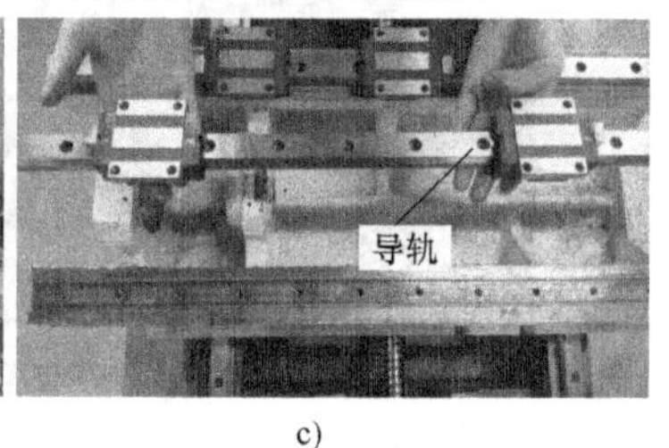

c)

图 2-57　拆卸导轨

a）松开锁紧螺钉　b）松开紧固螺钉　c）拆下导轨

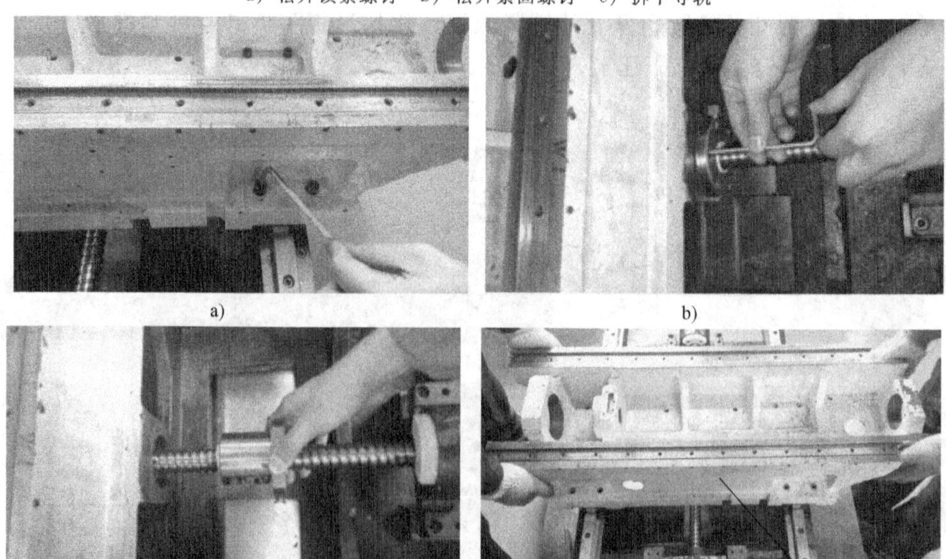

图 2-58　拆卸 X 轴基座

a）拆卸基座与滑块的连接螺钉　b）拆卸基座与丝杠螺母的连接螺钉　c）移出丝杠螺母　d）拆卸基座

拆卸压盖，拆卸 Y 轴丝杠轴承；松开 Y 轴电动机座上的定位销，松开 Y 轴电动机座与 Y 轴基座的连接螺钉，拆卸 Y 轴电动机座；拆卸 Y 轴丝杠，拆卸 Y 轴丝杠轴承；松开 Y 轴另一端基座上的定位销，松开 Y 轴另一端基座上的连接螺钉，拆卸 Y 轴轴承座和垫片，如图 2-59 所示。

图 2-59　拆卸保护块、锁紧螺母等

a）拆卸保护块　b）松开锁紧螺母上的锁紧螺钉　c）拆卸锁紧螺母　d）松开压盖连接螺钉　e）拆卸压盖　f）拆卸轴承　g）松开电动机座上的定位销　h）松开电动机座连接螺钉　i）拆卸电动机座　j）拆卸丝杠　k）拆卸丝杠轴承　l）松开基座上的定位销　m）松开基座上的连接螺钉　n）拆卸轴承座、垫片

10. 拆卸导轨

松开 Y 轴导轨调整块侧面的锁紧螺钉，松开 Y 轴导轨调整块上的紧固螺钉，拆卸 Y 轴导轨调整块；松开 Y 轴导轨上方的紧固螺钉，拆卸 Y 轴导轨，完成整个拆卸过程，如图 2-60 所示。

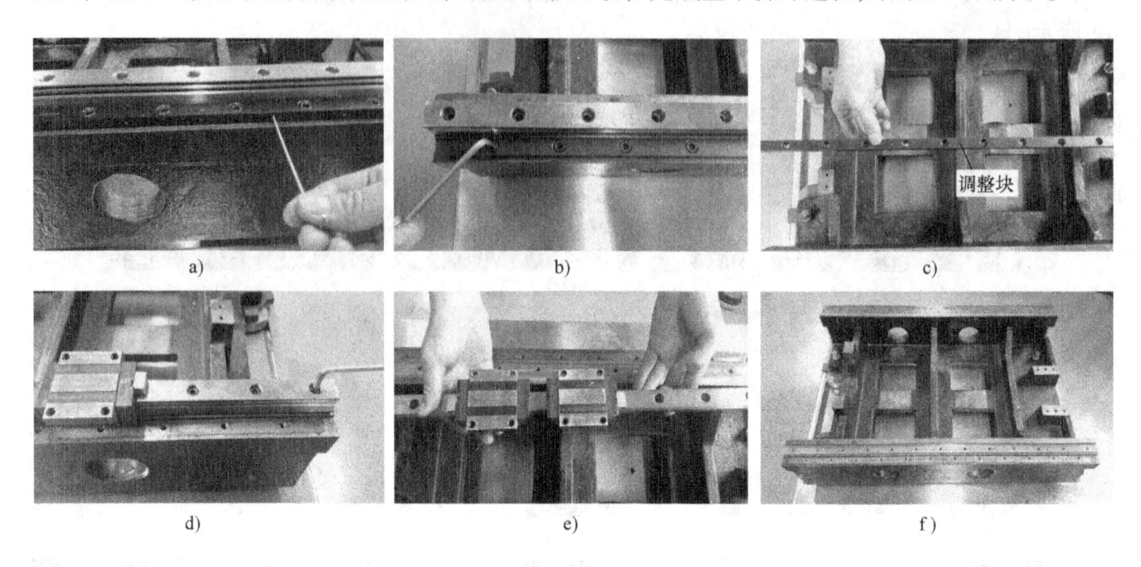

图 2-60 拆卸导轨

a）松开调整块侧面的锁紧螺钉 b）松开调整块上面的紧固螺钉 c）拆卸调整块
d）松开导轨上方的紧固螺钉 e）拆卸导轨 f）Y 轴基座

二、数控铣床/加工中心进给传动装置装配与调整

1. 前期准备

（1）工、量、检具准备 主要工、量、检具，如图 2-61 所示。

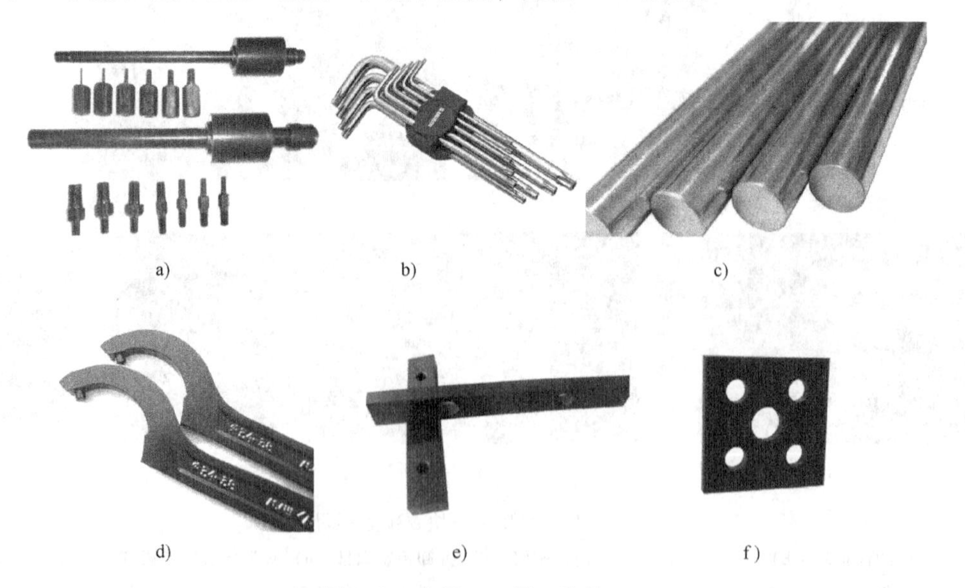

图 2-61 主要工、量、检具

a）拔销器 b）内六角扳手 c）铜棒 d）钩形扳手 e）大理石平尺 f）大理石方尺

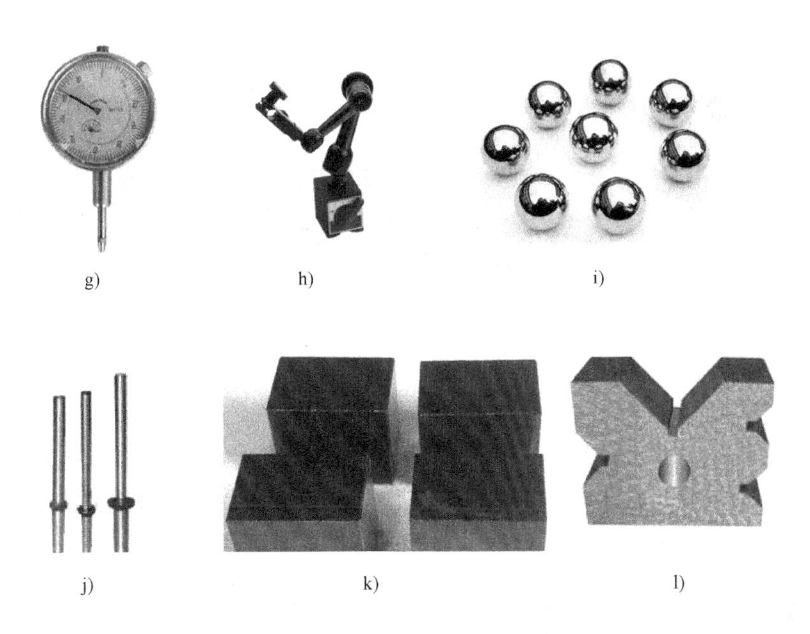

图 2-61　主要工、量、检具（续）

g）千分表　h）磁力表座　i）磁性钢珠　j）检验棒　k）等高块　l）V 形块

（2）装配、检测标准　装配时要按照表 2-6 来保证各部分的精度要求。

表 2-6　装配、检测标准　　（单位：mm）

序号	检测内容	允许误差/mm	工、量、检具
1	直线导轨安装基面的扭曲度	0.04/1000 局部:0.02/任意 500	大理石平尺、等高块、水平仪
2	直线导轨安装基面的直线度	0.008/全长 局部:0.005/任意 300	水平仪、等高块
3	直线导轨上基准的直线度	0.010/全长 局部:0.007/任意 300	大理石平尺、千分表、磁力表座
4	直线导轨侧基准的直线度	0.010/全长 局部:0.007/任意 300	大理石平尺、千分表、磁力表座
5	两根直线导轨的平行度	0.010	千分表、磁力表座
6	检验棒对直线导轨的平行度	0.010/150	千分表、磁力表座、检验棒
7	轴承座检验棒的等距度	0.02	千分表、磁力表座、检验棒
8	电动机座检验棒的等距度	0.01	千分表、磁力表座、检验棒
9	轴承压盖的压紧量	0.05	塞尺
10	滚珠丝杠的径向圆跳动	0.02	千分表、磁力表座、平表头
11	滚珠丝杠的轴向窜动	0.005	千分表、磁力表座、磁性钢珠
D12	工作平台的直线度	0.015/全长 局部:0.007/任意 300	大理石平尺、千分表、磁力表座
13	工作平台的垂直度	0.02/500	大理石方尺、千分表、磁力表座
14	两导轨间的扭曲度	0.04/全长	大理石平尺、水平仪

2. 检查、清洗

检查基座的外观质量，用油石除去明显的毛刺，用无纺布和煤油清洗各个部件，并上机油，如图 2-62 所示。

a)

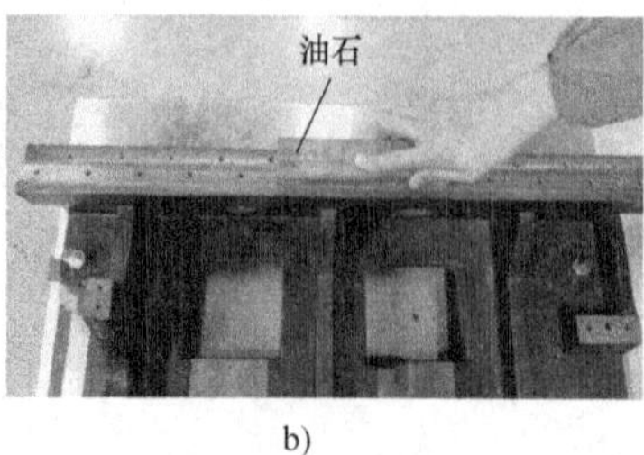

b)

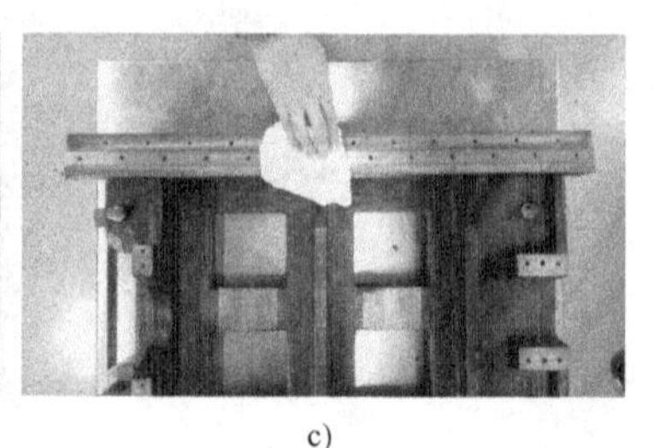

c)

图 2-62　检查、清洗
a）基座　b）去毛刺　c）清洗、上油

3. 调水平

将等高块分别放置在直线导轨安装基面的中间位置，在等高块上放置大理石平尺，平尺中间放置水平仪；精度不对时，调整机床垫铁保证精度，如图 2-63 所示。

a)

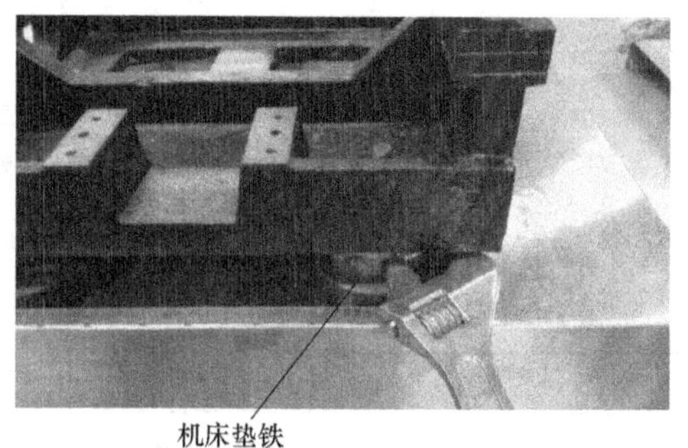

b)

图 2-63　调水平

4. 检测扭曲度

在十字滑台的直线导轨安装基面上放置等高块，在其上放置水平仪，其方向与直线导轨方向垂直，分段进行测量导轨安装基面的扭曲度，如图 2-64 所示。

5. 检测直线度

将水平仪放置在等高块上，分段移动等高块，检查直线导轨安装基面的直线度，如图 2-65所示。

图 2-64　检测扭曲度

图 2-65　检测直线度

6. 装配直线导轨、调整块

将导轨放入安装基座，并检测安装基面螺钉孔位置是否正确，如有问题及时返修；手动拧入螺钉时不得有别劲现象，用扭力扳手从导轨中间位置依次向两端拧紧螺钉 M6 × 20-826N · cm；装配导轨侧面的调整块，先锁紧上面的螺钉，再调整侧面的螺钉，保证 0.02mm 塞尺不入，如图 2-66 所示。

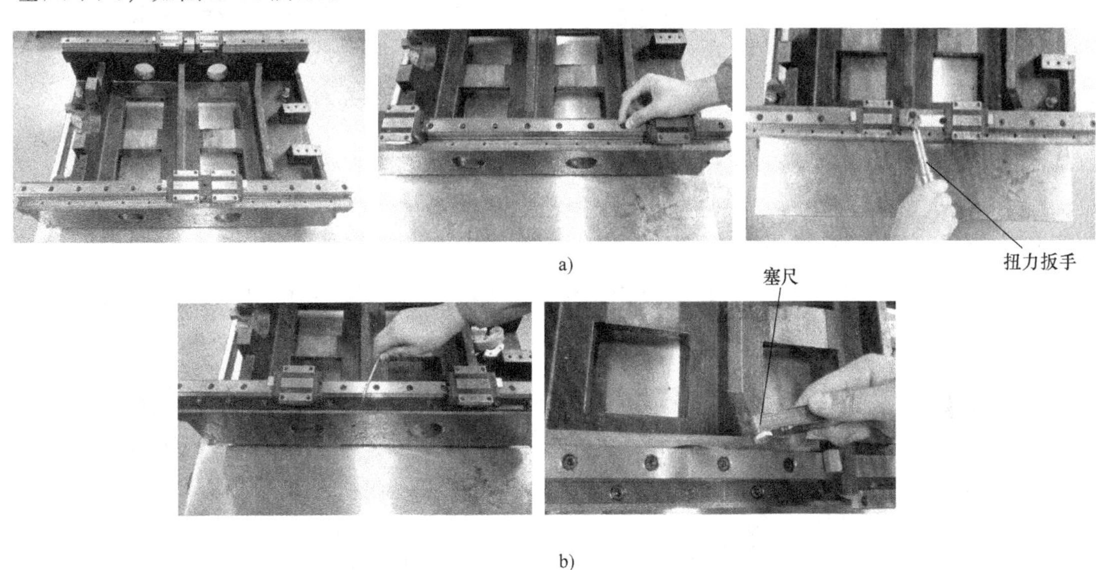

图 2-66　装配直线导轨、调整块

a）装配直线导轨　b）装配调整块

7. 检测 *Y* 轴直线导轨上和侧基准的直线度

将大理石平尺调整装置合理放置在另一条直线导轨的滑块上，使直线导轨两端与大理石平尺两端对零，磁力表座置于滑块上，移动滑块检查直线导轨的直线度；精度不对，松开直线导轨上面的螺钉进行调整，然后重新上紧，误差过大，转加工返修，如图 2-67 所示。

a)

b)

图 2-67　检测 *Y* 轴直线导轨的直线度

a）上直线度　b）侧直线度

8. 检测 *Y* 轴直线导轨的平行度

以符合精度要求的直线导轨为基准，利用滑块及千分表调整两导轨的平行度；精度不对，松开直线导轨上面的螺钉进行调整，然后重新上紧，误差过大，转加工返修，如图 2-68 所示。

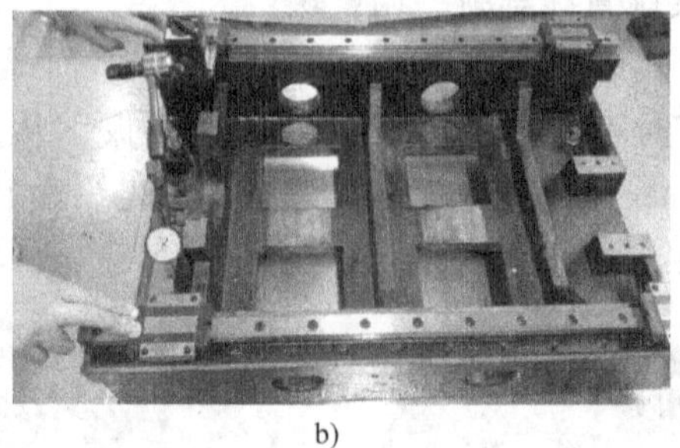

a)　　b)

图 2-68　检测 Y 轴直线导轨的平行度

a）上平行度　b）侧平行度

9. 装配轴承座、电动机座

放入垫片，装配轴承座，先装定位销，然后再装连接螺钉；装配电动机座，先装定位销，然后再装连接螺钉，如图 2-69 所示。

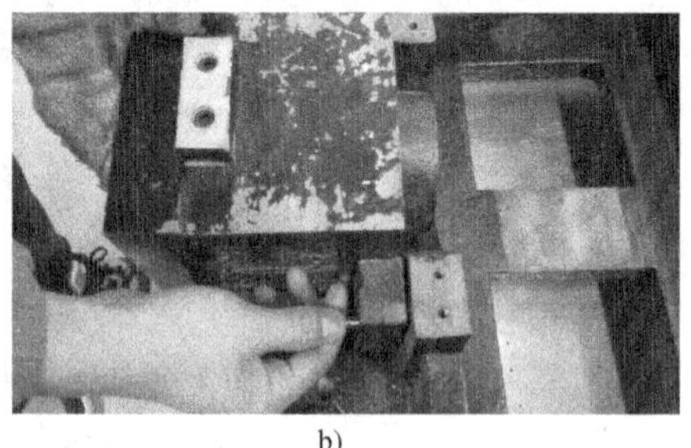

a)　　b)

图 2-69　装配轴承座、电动机座

a）装定位销　b）装连接螺钉

10. 检测 Y 轴直线导轨的平行度、等距度

将检验棒插入丝杠轴承座和电动机座，用千分表检查两端检验棒对 Y 轴导轨的平行度和等距度；有误差的话，修磨电动机座或者调整垫片；误差过大，转加工返修，如图 2-70 所示。

a)　　b)

图 2-70　检测 Y 轴直线导轨的平行度、等距度

11. 装配丝杠、轴承、压盖、锁紧螺母

穿入丝杠，装配轴承，轴承涂润滑脂，锁紧螺钉安装前需要涂防松胶；装配丝杠压盖，

测量压盖精度，保证压紧轴承外圈；两端用力矩扳手锁紧螺母，扭紧力矩 17N·m，锁紧螺钉扭紧力矩 4.5N·m，如图 2-71 所示。

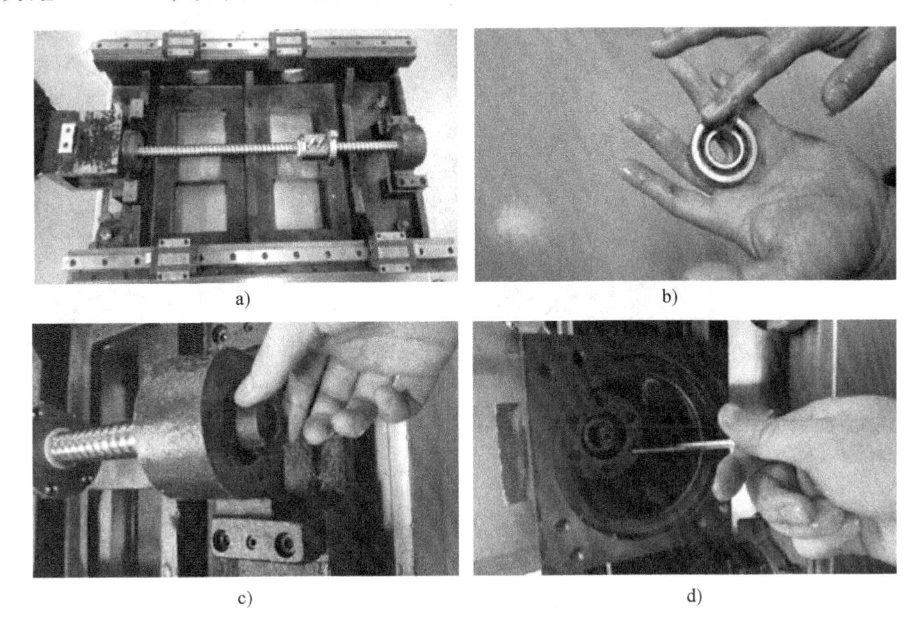

图 2-71　装配丝杠、轴承、压盖、锁紧螺母

a）穿入丝杠　b）轴承涂润滑脂　c）装配压盖　d）装配锁紧螺母

12. 检测径向圆跳动、轴向窜动

检测丝杠靠近电动机座及轴承座处（10mm）的径向圆跳动和轴向窜动（用平表头和磁性钢珠），转动丝杠保证传动灵活，无别紧现象，如图 2-72 所示。

图 2-72　检测径向圆跳动、轴向窜动

a）径向圆跳动　b）轴向窜动

13. 装配检查 *X* 轴基座

先放置 *X* 轴基座，装丝杠螺母与基座的连接螺钉，再装 *X* 轴基座与 *Y* 轴滑块连接螺钉，检查 *X* 轴基座的外观质量并去除明显毛刺，清洗导轨基面，如图 2-73 所示。

14. 检测 *X* 轴安装基面直线度、扭曲度

将水平仪放置在测量座上，分段移动测量座，检查 *X* 轴直线导轨安装基面的直线度；在十字滑台的 *X* 轴直线导轨安装基面上放置等高块，在其上放置水平仪，其方向与 *X* 轴向直线导轨方向垂直，分段进行测量导轨安装基面的扭曲度，如图 2-74 所示。

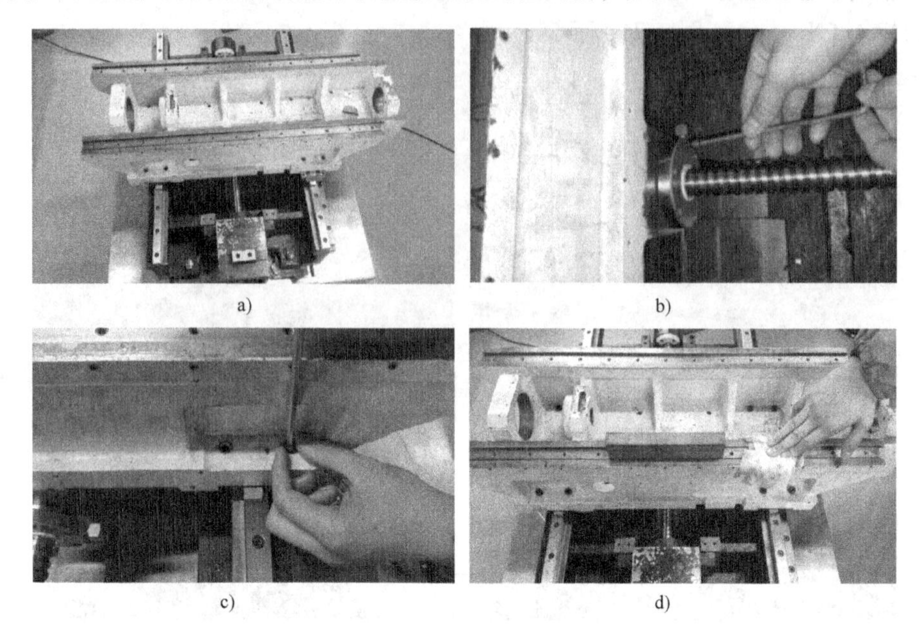

图 2-73 装配检查基座

a）放置基座 b）装丝杠螺母连接螺钉 c）装滑块连接螺钉 d）清洗基面

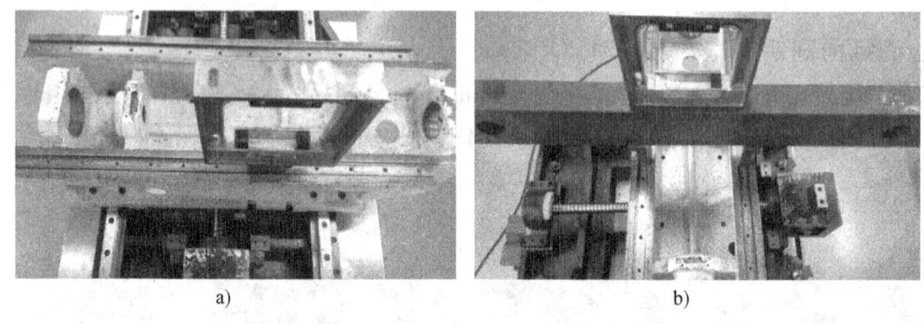

图 2-74 检测直线度、扭曲度

a）检测直线度 b）检测扭曲度

15. 装配 *X* 轴直线导轨

基本预紧全部螺钉，选择一条直线导轨，再次预紧 *X* 轴直线导轨侧面的中间和两侧的紧固螺钉以及 *X* 轴直线导轨上端面的紧固螺钉；调整直线导轨符合精度要求后，从导轨中间依次向两端紧固，先侧面后上端面压紧螺钉；导轨螺钉扭紧力矩 826N · cm，侧面保证 0.02mm 塞尺不入，如图 2-75 所示。

16. 检测 *X* 轴直线导轨上和侧基准的直线度

将大理石平尺调整装置合理放置在另一条直线导轨的滑块上，使直线导轨两端与大理石平尺两端对零，表架置于滑块上，移动滑块检查直线导轨的直线度，如图 2-76 所示。

17. 检测 *X* 轴直线导轨的平行度

以符合精度要求的直线导轨为基准，利用滑块及千分表先后调整两导轨的平行度达到精度要求，如图 2-77 所示。

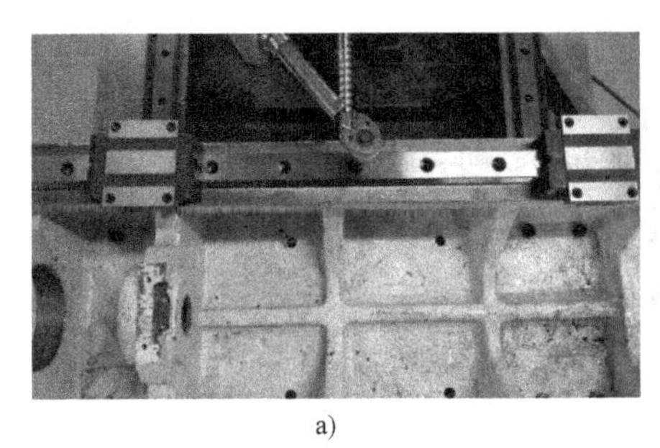

a)

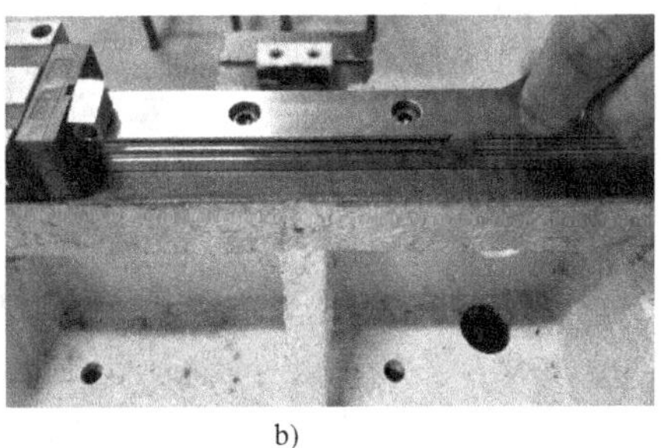

b)

图 2-75　装配 X 轴直线导轨

a）装配　b）检测

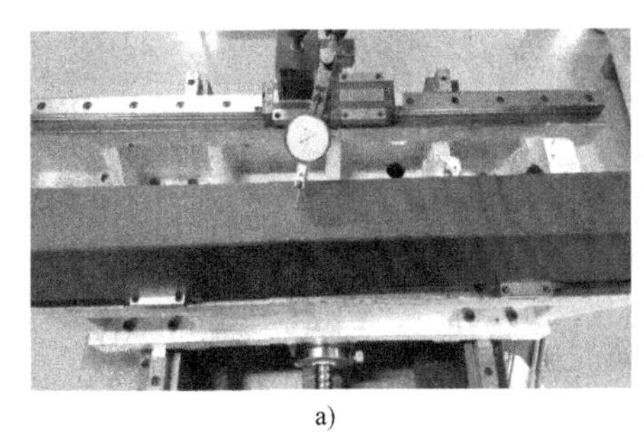

a)

b)

图 2-76　检测 X 轴直线导轨的直线度

a）上直线度　c）侧直线度

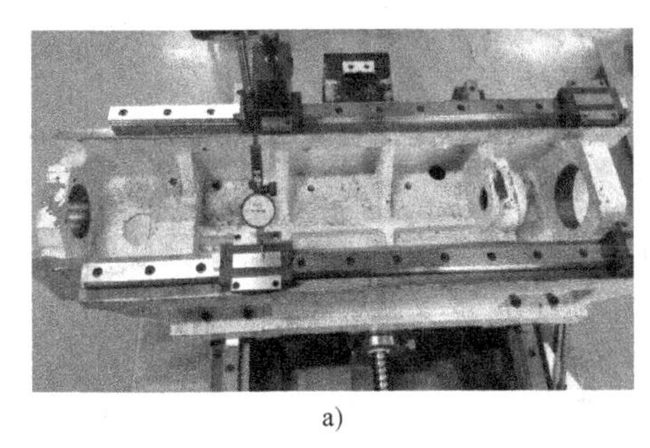

a)

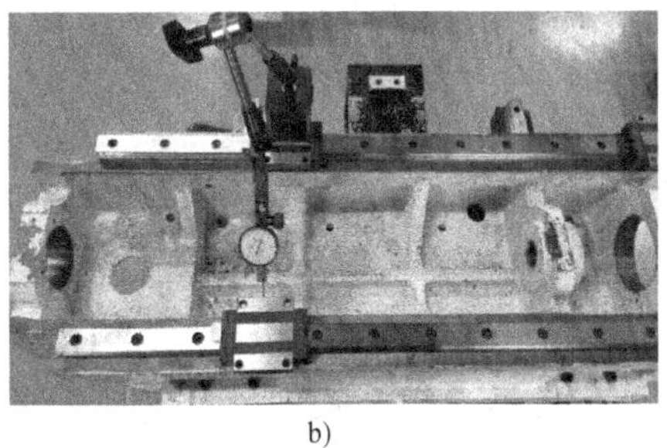

b)

图 2-77　检测 X 轴直线导轨的平行度

a）上平行度　b）侧平行度

18. 检测直线导轨间的扭曲度

利用测量工装和大理石平尺跨于两导轨测出两导轨间的扭曲度并且作图和计算出误差，如图 2-78 所示。

图 2-78　检测直线导轨间的扭曲度

19. 检测 X 轴直线导轨的平行度、等距度

装上轴承座，穿入检验棒，用千分表检查两端检验棒对 X 轴导轨的平行度和等距度，如图 2-79 所示。

20. 装配丝杠，检测径向圆跳动、轴向窜动

穿入丝杠，安装轴承，检测丝杠靠近电动机座及

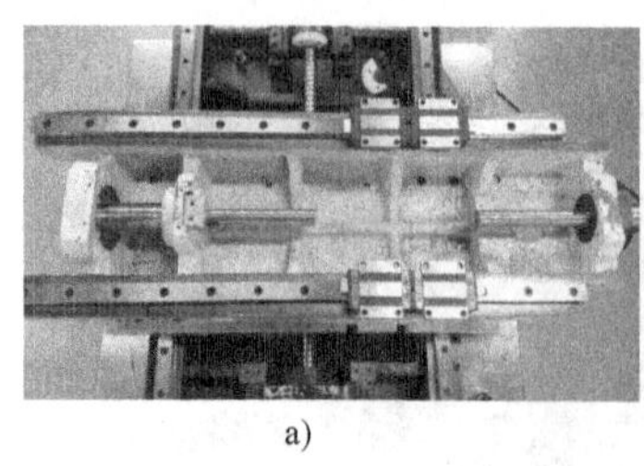

a)

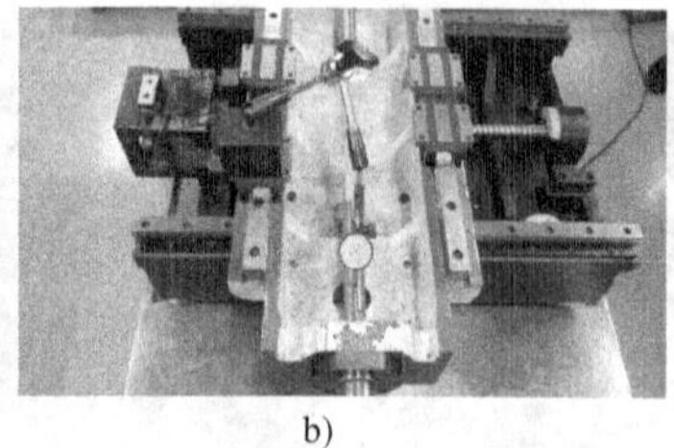

b)

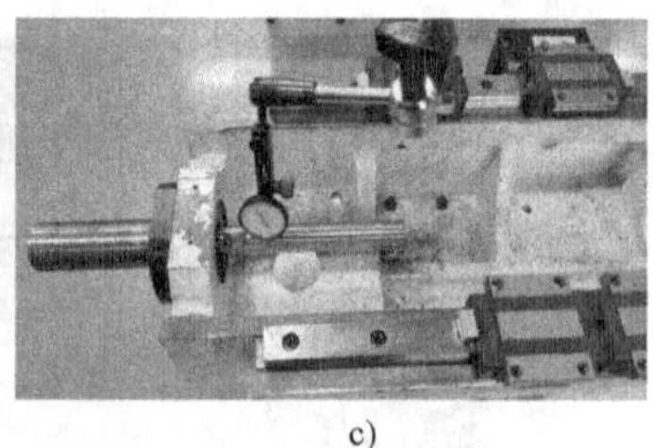

c)

图 2-79　检测 *X* 轴直线导轨的平行度、等距度

a）穿入检验棒　b）平行度　c）等距度

轴承座处（10mm）的径向圆跳动和轴向窜动，转动丝杠保证传动灵活，无别紧现象，如图 2-80 所示。

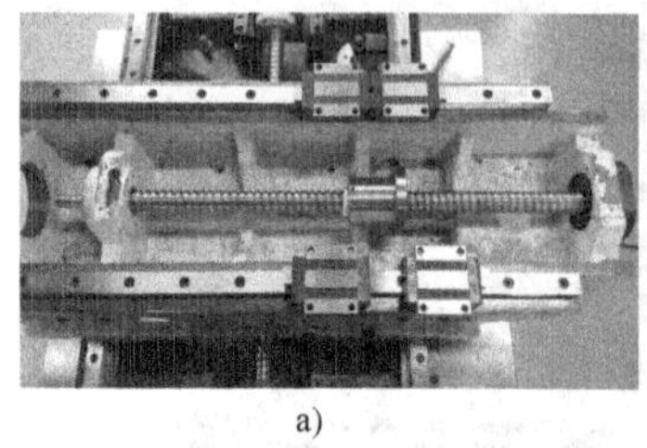

a)

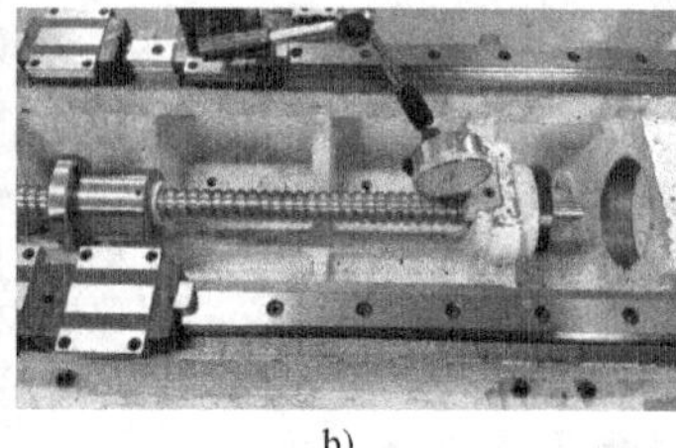

b)

c)

图 2-80　装丝杠，测径向圆跳动、轴向窜动

a）穿入丝杠　b）径向圆跳动　c）轴向窜动

21. 装配工作平台

安装丝杠螺母与工作平台的连接座和垫块，放上工作平台，先安装定位销，再安装丝杠螺母连接螺钉，最后安装导轨滑块连接螺钉，如图 2-81 所示。

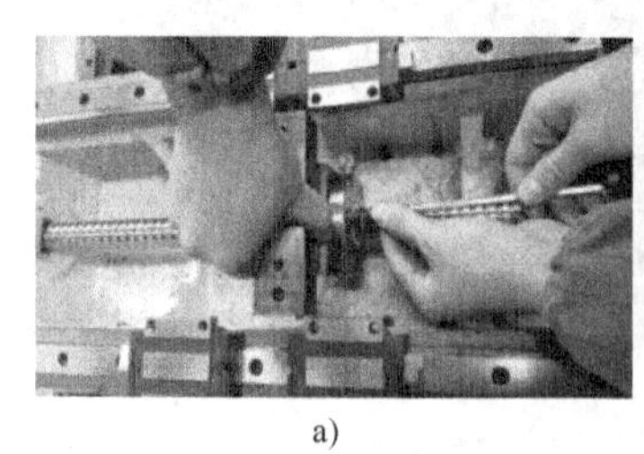

a)

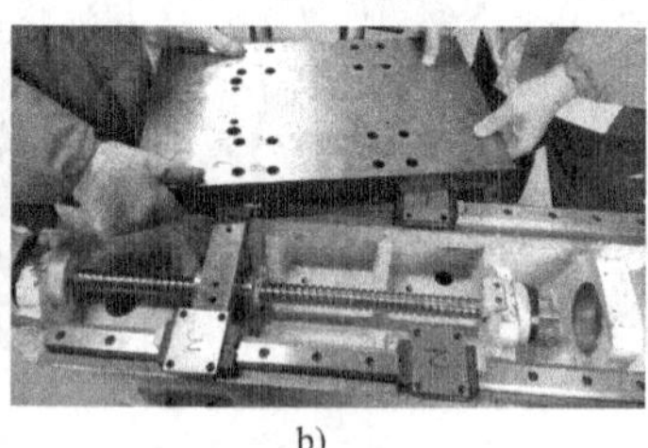

b)

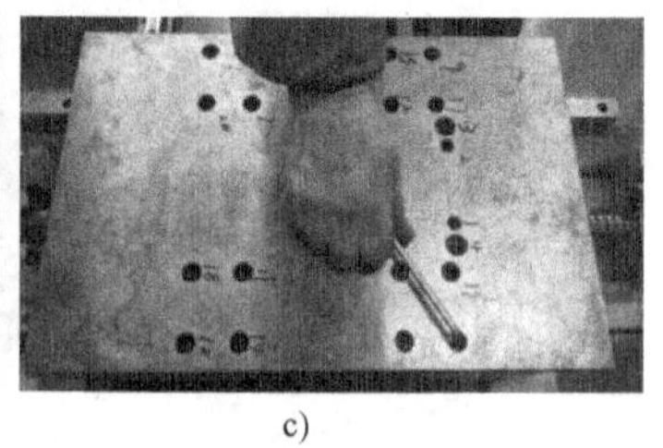

c)

图 2-81　装配工作平台

a）安装丝杠螺母连接座　b）放上工作平台　c）安装定位销、连接螺钉

22. 检测工作平台的 *X* 轴直线度

把工作平台移动到 *Y* 轴线行程的中间位置，在工作平台上放置 2 个可调等高块，再把平尺平放在可调等高块上，使可调等高块位于距平尺两端为 2/9 的平尺长度处，并且使平尺平行于 *X* 轴轴线，把装好千分表的磁力表座吸到 V 形块上，使千分表的测头垂直触及平尺检验面，压表适量，移动工作平台并调整平尺，使千分表读数在平尺的两端相等，手动沿 *X* 轴移动工作平台，在全行程上进行检验，记录千分表读数的最大差值，即为在 *ZX* 平面内 *X* 轴线运动的直线度误差；将平尺卧靠在工作平台上，固定千分表，压表适量，使其测头触及

平尺检验面，移动工作平台并调整平尺，使千分表读数在平尺的两端相等，手动沿 X 轴线移动工作平台，在全行程上进行检验，记录千分表读数的最大差值，即为在 XY 水平面内 X 轴线运动的直线度误差，如图 2-82 所示。

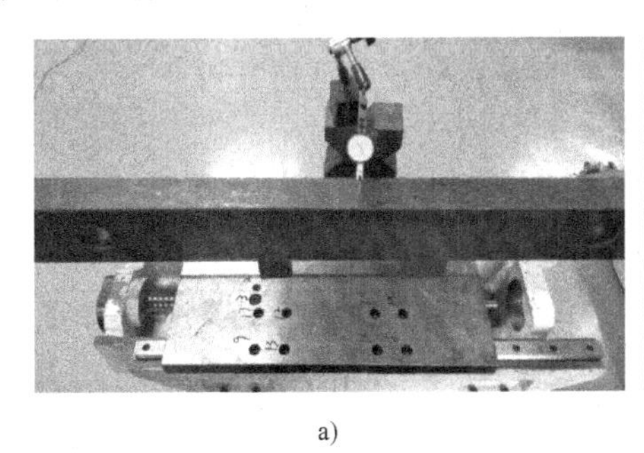

a)

b)

图 2-82　检查工作平台的 X 轴直线度

a) ZX 平面　b) XY 平面

23. 检测工作平台的 Y 轴直线度

把工作台移动到 X 轴线行程的中间位置，在工作平台上放置 2 个可调等高块，将平尺居中平放在其上，并平行于 Y 轴线，把装好千分表的磁力表座吸到 V 形块上，使表的测头垂直触及平尺检验面，压表适量，移动工作平台并调整平尺，使千分表读数在平尺的两端相等，手动沿 Y 轴移动工作平台，在全行程上进行检验，记录千分表读数的最大差值，即为在 YZ 垂直平面内 Y 轴线运动的直线度误差；将平尺平行于 Y 轴居中卧放在工作平台上，固定千分表，使其测头垂直触及平尺检验面，压表适量，移动工作平台并调整平尺，使千分表读数在平尺的两端相等，手动沿 Y 轴移动工作平台，在全行程上进行检验，记录千分表读数的最大差值，即为在 XY 水平面内 Y 轴线运动的直线度误差，如图 2-83 所示。

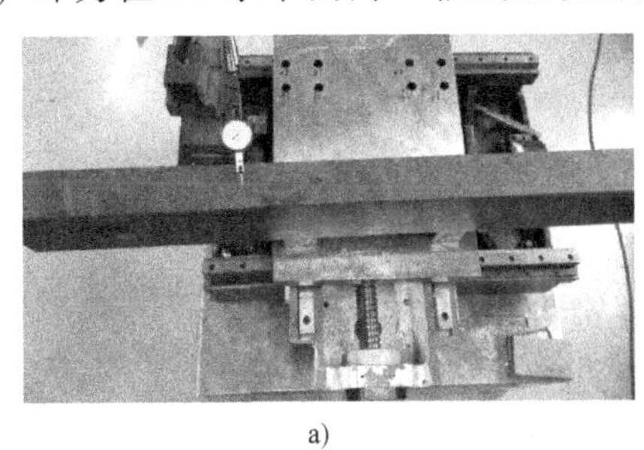

a)

b)

图 2-83　检查工作平台的 Y 轴直线度

a) YZ 平面　b) XY 平面

24. 检测 Y 轴轴线运动和 X 轴轴线运动间的垂直度

把工作平台移动到居中位置，把方尺放在工作平台适当位置，并且使方尺平行于 X 轴轴线，把磁力表座吸到 V 形块上，调整千分表的读数在方尺的 X 轴方向两端相等；在方尺的另外一条直角边，使千分表测头触及检验面，再手动沿 Y 轴移动，记录千分表读数的差值；如精度不对，可以松开 X 轴基座与 Y

图 2-84　检测垂直度

轴导轨滑块的连接螺钉，调节滑块侧面的紧固螺钉，使其达到精度要求，如图 2-84 所示。

做一做

1）请学生根据实际操作的设备，绘制装配图、三维结构图。

2）请学生根据所学的知识，完成整个十字滑台拆装过程的幻灯片（PPT）。

3）请学生根据所学的内容，自己组织文字详细填写表 2-7。

表 2-7　进给传动装置（十字滑台）装配工艺卡

<table>
<tr><td colspan="2" rowspan="2">装配工艺卡</td><td>产品型号</td><td></td><td>图号</td><td></td><td rowspan="2">第　页</td></tr>
<tr><td>装配人员</td><td></td><td>内容</td><td></td></tr>
<tr><td>工序号</td><td>工序内容</td><td colspan="2">技术要求</td><td colspan="2">仪器及工艺装备</td><td>图片</td></tr>
<tr><td></td><td></td><td colspan="2"></td><td colspan="2"></td><td></td></tr>
<tr><td></td><td></td><td colspan="2"></td><td colspan="2"></td><td></td></tr>
<tr><td></td><td></td><td colspan="2"></td><td colspan="2"></td><td></td></tr>
</table>

晒一晒

请学生把所绘制的图、所做的幻灯片（PPT）、所填写的工艺卡展示给其他学生，分享成果，晒一晒成功的喜悦。

思一思

请学生根据自己所学、所做、所晒的内容，思考一下自己是否能够独立完成所有内容？

检查评价

对任务实施的完成情况进行检查，并将结果填入表 2-8 中。

表 2-8　进给传动装置（十字滑台）任务评价表

序号	项目	分值	自我测评	小组测评	教师测评
			得分	得分	得分
1	拆卸	15			
2	装配与调整	15			
3	幻灯片(PPT)	15			
4	工艺卡	15			
5	绘图	15			
6	成果展示	15			

（续）

序号	项目	分值	自我测评	小组测评	教师测评
			得分	得分	得分
7	安全文明生产	10			
8	合计	100			
9	自我评语				
10	小组评语				
11	教师评语				

问题及防治

在学生进行任务实施实训过程中，时常会遇到如下的问题。

问题：在拆卸滚珠丝杠的时候，容易把丝杠螺母也拆下来。

后果：在拆卸滚珠丝杠的时候，如果将丝杠螺母拆下来，会导致滚珠散落，这样就算重新安装，也会产生精度误差。

防治措施：拆卸的时候把丝杠螺母放到丝杠中间，不要拆下。

知识拓展

一、滚珠丝杠螺母副

1. 工作原理

滚珠丝杠螺母副由于在丝杠和螺母之间放入了滚珠，使丝杠与螺母间变为滚动摩擦，因而大大地减小了摩擦阻力，提高了传动效率。图 2-85 所示为滚珠丝杠副的结构示意图。丝杠 1 和螺母 3 上均制有圆弧形面的螺旋槽，将它们装在一起便形成了螺旋滚道 2，滚珠 4 在其间既自转又循环滚动。

2. 特点

1）摩擦小、效率高、发热少。

2）滚珠丝杠预紧后，可以完全消除间隙，提高了传动刚度。

3）运动平稳，不易产生低速爬行现象。

4）磨损小、寿命长、精度保持性好。

5）不能自锁，有可逆性，丝杠立式使用时，应增加制动装置。

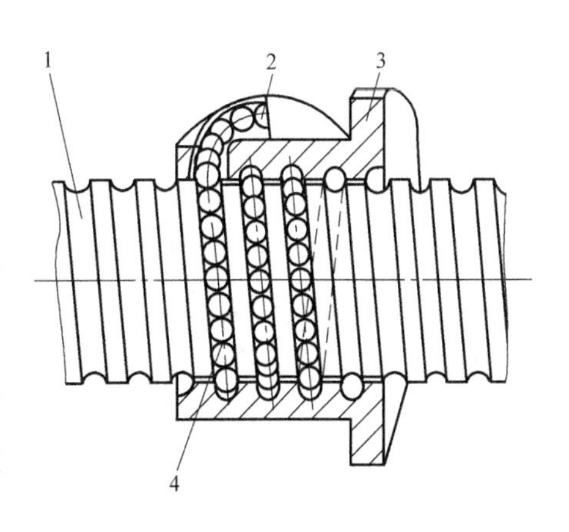

图 2-85　滚珠丝杠螺母副的结构示意图
1—丝杠　2—滚道　3—螺母　4—滚珠

3. 循环方式

常用的循环方式有两种：滚珠在循环过程中有时与丝杠脱离接触的循环称为外循环；始终与丝杠保持接触的循环称内循环。

4. 选用

目前我国滚珠丝杠螺母副的精度标准为四级：

普通级 P、标准级 B、精密级 J 和超精密级 C。普通数控机床可选用标准级 B，精密数控机床可选精密级 J 或超精密级 C。

在设计和选用滚珠丝杠螺母副时，首先要确定螺距 t、名义直径 D_0、滚珠直径 d_0 等主要参数。

D_0 越大，丝杠承载能力和刚度越大。为了满足传动刚度和稳定性的要求，通常 D_0 应大于丝杠长度的 1/30 ~ 1/35。根据 D_0 值选取尽量较大的螺距 t。

滚珠直径 d_0 对承载能力有直接影响，应尽可能取较大的数值，一般 $d_0 \approx 0.6t$，其最后尺寸按滚珠标准选用。

5. 安装注意事项

滚珠丝杠螺母副仅用于承受轴向负荷，径向力、弯矩会使滚珠丝杠螺母副附加表面接触应力等负荷，从而可能造成丝杠的永久性损坏。正确的安装是有效维护的前提。因此，滚珠丝杠螺母副安装到机床时，应注意以下几点。

1）丝杠的轴线必须和与之配套导轨的轴线平行，机床的两端轴承座与螺母座必须三点成一线。

2）安装螺母时，尽量靠近支承轴承。

3）安装支承轴承时，尽量靠近螺母安装部位。

4）滚珠丝杠安装到机床时，请不要把螺母从丝杠上卸下来。如必须卸下来时要使用辅助套，否则滚珠有可能脱落。螺母装卸时应注意以下几点。

① 辅助套外径应小于丝杠底径 0.1 ~ 0.2mm。

② 辅助套在使用中必须靠紧丝杠螺纹轴肩。

③ 装卸时，不可用力过大，以免螺母损坏。

④ 装入安装孔时要避免撞击和偏心。

二、导轨副

1. 塑料导轨

（1）贴塑导轨　贴塑导轨是采用粘结剂将聚四氟乙烯导轨软带粘结在导轨面上，使得传统导轨的摩擦形式变为铸铁-塑料摩擦副，如图 2-86 所示。

（2）注塑导轨　注塑导轨有逐渐取代滚动导轨的趋势，不仅适用于数控机床，而且还

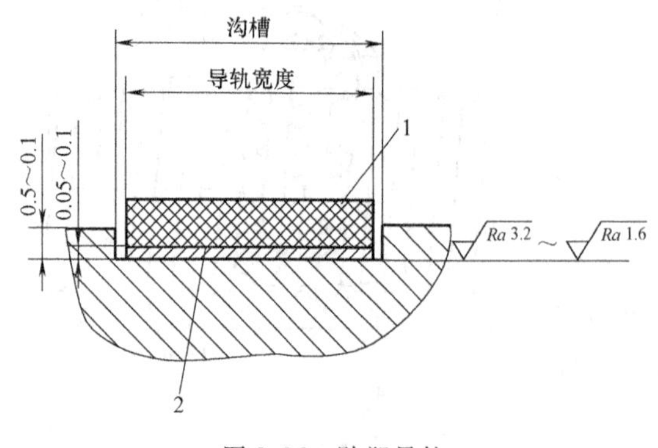

图 2-86　贴塑导轨

1—导轨软带　2—粘结材料

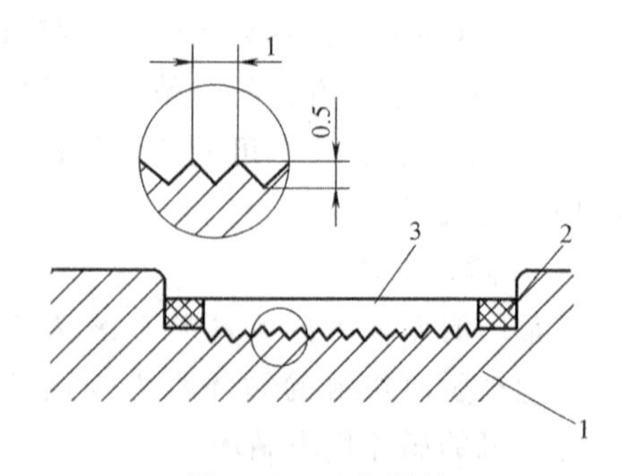

图 2-87　注塑导轨

1—滑座　2—胶条　3—注塑层

适用于其他各种类型机床。它在旧机床修理和数控化改装中可以减少机床结构的修改，因而更加扩大了塑料导轨的应用领域。

2. 静压导轨

(1) 液体静压导轨　将具有一定压力的润滑油，经节流器输入到导轨面上的油腔，即可形成承载油膜，使导轨面之间处于纯液体摩擦状态，如图 2-88 所示。

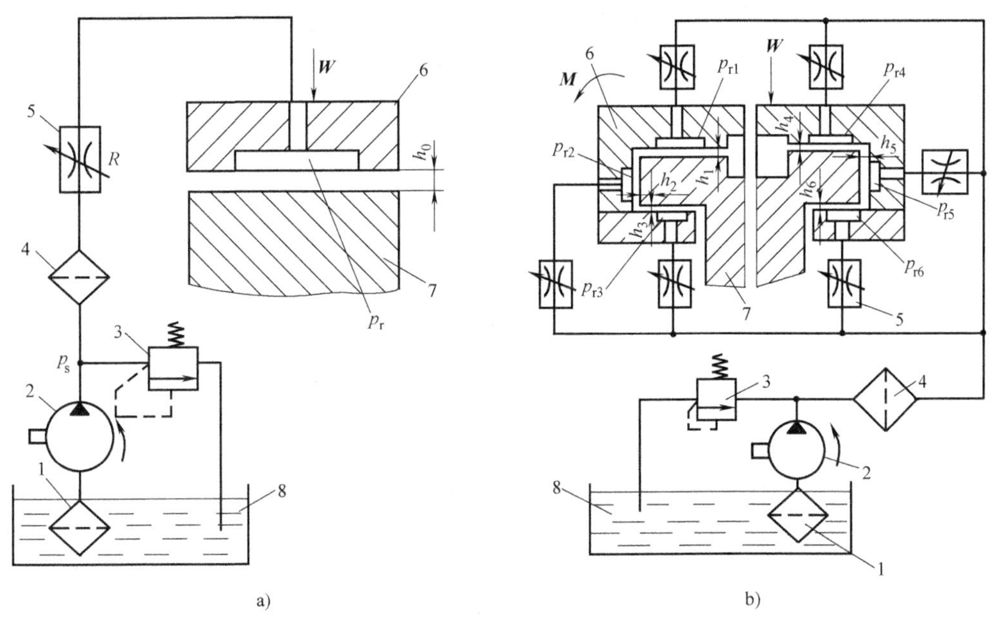

图 2-88　液体静压导轨

1、4—过滤器　2—液压泵　3—溢流阀　5—节流器　6—运动导轨　7—静止导轨　8—油箱

(2) 气体静压导轨　气体静压导轨是利用恒定压力的空气膜，使运动部件之间形成均匀分离，以得到高精度的运动。它的摩擦系数小，不易引起发热变形，常用于负荷不大的场合，如数控坐标磨床和三坐标测量机，如图 2-89 所示。

图 2-89　气体静压导轨

3. 直线导轨

(1) 滚动直线导轨　滚动直线导轨是一种滚动导引，其由钢珠在滑块与导轨之间做无限滚动循环，使得负载平台能沿着导轨轻易地以高精度做线性运动，其摩擦系数可降至传统滑动导引的 1/50，使之能轻易地达到微米级的定位精度，如图 2-90 所示。

(2) 滑动直线导轨

1) 三角形导轨。该导轨磨损后能自动补偿，故导向精度高。它的截面角度由载荷大小及导向要求而定，一般为 90°。为增加承载面积，减小比压，在导轨高度不变的条件下，采用较大的顶角（110°~120°）；为提高导向性，采用较小的顶角（60°）。如果导轨上所受的力，在两个方向上的分力相差很大，应采用不对称三角形，以使力的作用方向尽可能垂直于导轨面。

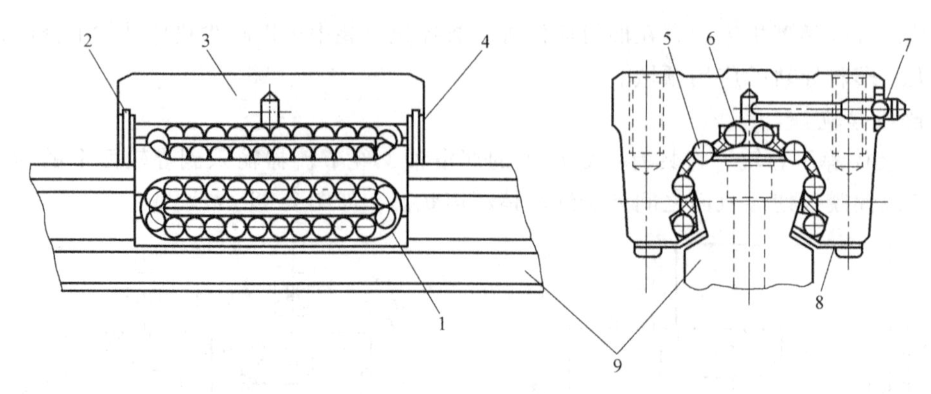

图 2-90　滚动直线滑轨

1—保持器　2—压紧圈　3—滑块　4—密封板　5—承载钢珠列
6—反向钢珠列　7—加油嘴　8—侧板　9—导轨

2）矩形导轨。它的优点是结构简单，制造、检验和修理方便；导轨面较宽，承载力较大，刚度高，故应用广泛。但它的导向精度没有三角形导轨高；导轨间隙需用压板或镶条调整，且磨损后需重新调整。

3）燕尾形导轨。燕尾形导轨的调整及夹紧较简便，用一根镶条可调节各面的间隙，且高度小，结构紧凑；但制造检验不方便，摩擦力较大，刚度较差。它用于运动速度不高，受力不大，高度尺寸受限制的场合。

4）圆形导轨。它制造方便，外圆采用磨削，内孔珩磨可达精密的配合，但磨损后不能调整间隙。为防止转动，可在圆柱表面开键槽或加工出平面，但它不能承受大的扭矩。它宜用于承受轴向载荷的场合。

滑动直线导轨的几种结构形式，见表 2-9。

表 2-9　滑动直线导轨的几种结构形式

	对称三角形	不对称三角形	矩形	燕尾形	圆形
凸形	45° 45°	90° 15°～30°		55° 55°	
凹形	90°～120°	52° 90°		55° 55°	

【思考与练习】

一、填空题

1. 塑料导轨有________和________两种。

2. __________是一种在丝杠和螺母间装有滚珠作为中间元件的丝杠副，有______和______两种。

二、选择题

1. 滚珠丝杠螺母副有可逆性，可以从旋转运动转换为直线运动，也可以从直线运动转换为旋转运动，即丝杠和螺母都可以作为（　　）。

A. 主动件　　B. 从动件　　C. 主运动

2. 滚珠丝杠预紧的目的是（　　）。

A. 增加阻尼比，提高抗振性　　B. 提高运动平稳性

C. 消除轴向间隙和提高传动刚度　　D. 加大摩擦力，使系统能自锁

三、判断题（正确的画“√”，错误的画“×”）

1.（　　）滚珠丝杠副实现无间隙传动，定位精度高，刚度好。

2.（　　）滚珠丝杠副有高的自锁性，不需要增加制动装置。

3.（　　）贴塑导轨是在动导轨的摩擦表面上贴上一层塑料软带，以降低摩擦系数，提高导轨的耐磨性。

模块三 数控机床自动换刀装置装配与调整

项目一 数控车床换刀装置装配与调整

知识目标： 1. 掌握数控车床换刀装置装配与调整的方法和要求。
2. 掌握数控车床换刀装置装配图的识图知识。
3. 掌握数控车床换刀装置的结构、工作原理。

能力目标： 1. 能对数据车床换刀装置进行拆卸。
2. 能对数控车床换刀装置进行装配与调整。

素质目标： 1. 养成独立思考和动手操作的习惯。
2. 培养小组协调能力和互相学习的精神。

工作任务

本任务要求对数控车床换刀装置（四方刀架）进行拆卸和装配与调整，计划步骤见表 3-1。

表 3-1 数控车床换刀装置（四方刀架）进行拆卸和装配与调整的计划步骤

序　　号	步　　骤
1	四方刀架拆卸
2	四方刀架装配与调整
3	成果展示
4	评价

相关理论

一、四方刀架的工作原理

1. 刀架抬起

当数控装置发出换刀指令后，电动机起动正转，通过联轴器使蜗杆转动，从而带动蜗轮转动。上刀体的内孔加工有内螺纹，与螺杆旋合。蜗轮内孔与螺杆是滑配合，在转位换刀时，中轴固定不动，蜗轮绕螺杆空转。当蜗轮开始转动时，由于上刀体和下刀体的端面齿处于啮合状态，且蜗轮轴向固定，因此上刀体不能转动只能轴向移动，刀架体抬起。

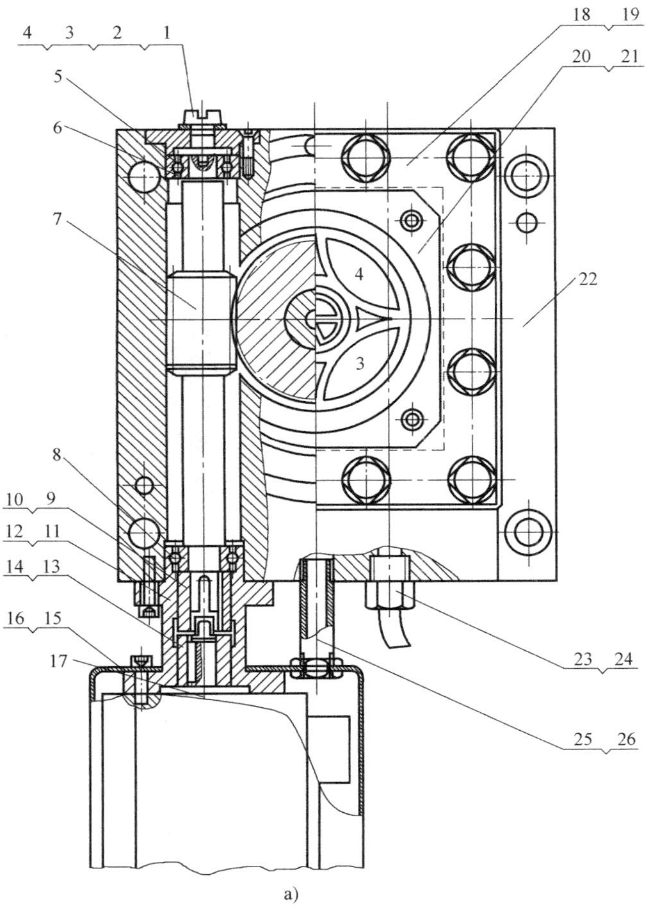

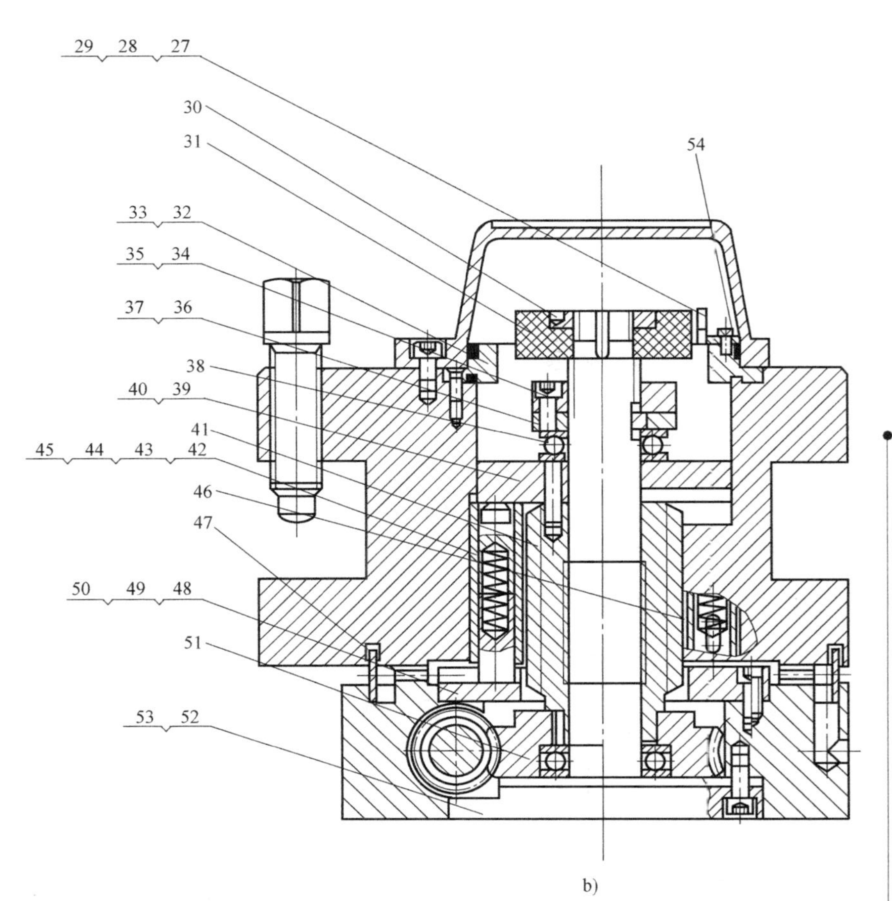

图 3-1　四方刀架装配图

1—圆柱头螺钉　2—铜垫片　3—闷头　4、33—十字槽沉头螺钉　5—6201 深沟球轴承　6—调整垫　7—蜗杆　8—6202 深沟球轴承　9—左联轴器　10、14、37—普通 A 型平键　11—连接座　12、16、21、35、49、53—内六角圆柱头螺钉　13—右联轴器　15—电动机罩　17—三相异步电动机　18—上刀体　19—M16×60 方头长圆柱球面端紧定螺钉　20—铝盖　22—下刀体　23—M16×1.5 金属软管接头　24—连接线　25—接管　26—M14 六角薄螺母　27—发讯架　28—6×8×2.5 磁钢　29—M3×10 十字槽盘头螺钉　30—小螺母　31—发讯盘　32—罩座　34—大螺母　36—止退圈　38—51105 推力球轴承　39—离合盘　40、50—圆柱销　41—螺杆　42—活动销　43—圆柱螺旋压缩弹簧　44—反靠销　45—销套　46—副销套　47—防护圈　48—反靠盘　51—蜗轮　52—中轴　54—垫片

2. 刀架转位

当上刀体抬至一定距离后，离合盘脱开，圆柱销与反靠盘连接，随蜗轮一起转动，当端面齿完全脱开时，活动销在弹簧力的作用下进入反靠盘的槽内，反靠盘通过活动销带动刀架体转位。

3. 刀架定位

上刀架体转动时带着发讯盘转动，当转到程序指令的刀号时，反靠销在弹簧的作用下进入反靠盘的槽中进行粗定位，电动机反转。由于反靠盘的限制，上刀架体不能转动，使其在该位置垂直落下，上刀架体和下刀架体的端面齿啮合实现精确定位。

二、装配图

四方刀架装配图，如图 3-1 所示。

任务实施

一、数控车床换刀装置拆卸

1. 工具准备

拆卸的主要工具，如图 3-2 所示。

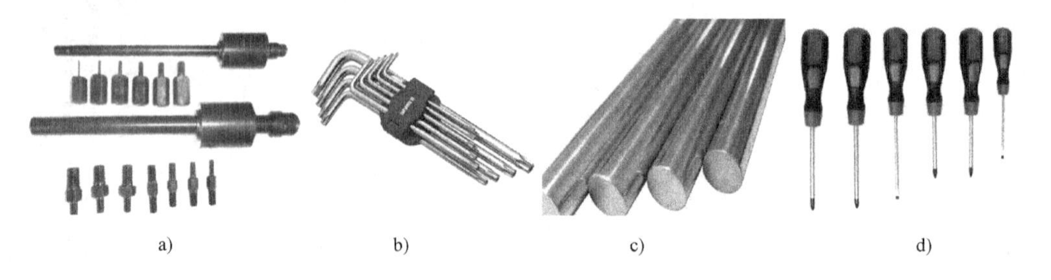

a)　　b)　　c)　　d)

图 3-2　拆卸的主要工具

a）拔销器　b）内六角扳手　c）铜棒　d）螺钉旋具

2. 松开离合盘

拆下闷头，用内六角扳手顺时针转动蜗杆，使离合盘松开。刀架外形结构，如图 3-3 所示。

3. 拆卸车刀锁紧螺钉

拆卸车刀锁紧螺钉，如图 3-4 所示。

4. 拆卸铝盖和罩座

拆卸铝盖和罩座，如图 3-5 所示。

5. 拆卸小螺母和发讯盘

拆卸小螺母，取出发讯盘，如图 3-6 所示。

6. 拆卸大螺母和止退圈

拆卸大螺母和止退圈，取出键和轴承，如图 3-7 所示。

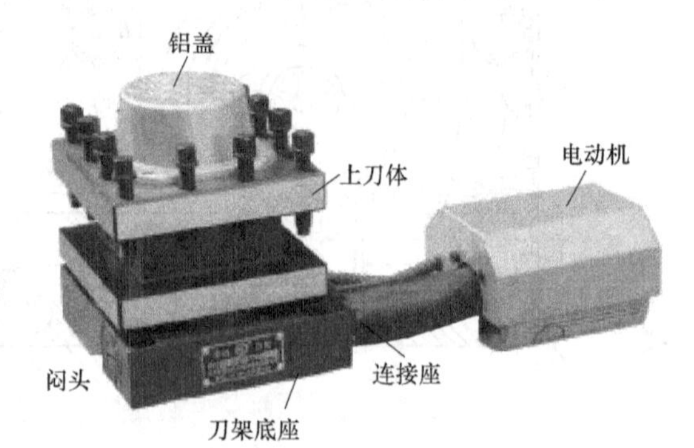

图 3-3　刀架外形结构

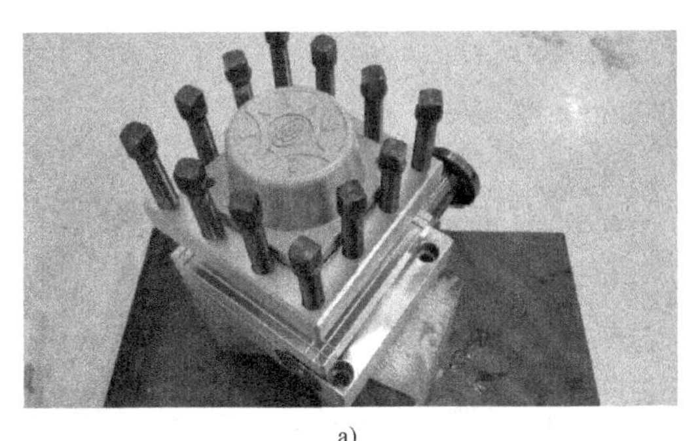

a)

b)

图 3-4　拆卸车刀锁紧螺钉

a)

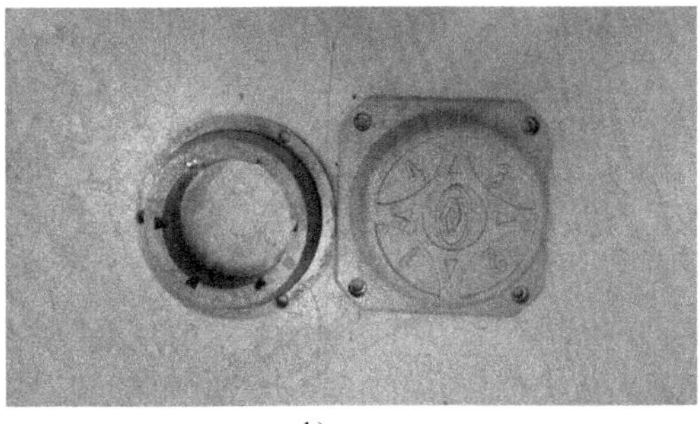

b)

图 3-5　拆卸铝盖和罩座

a)

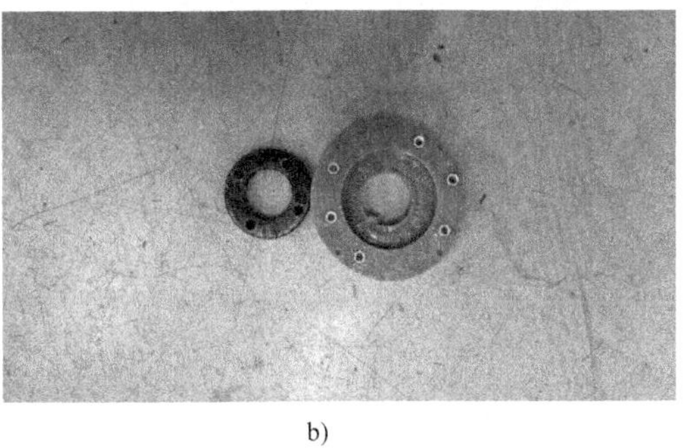

b)

图 3-6　拆卸小螺母和发讯盘

a)

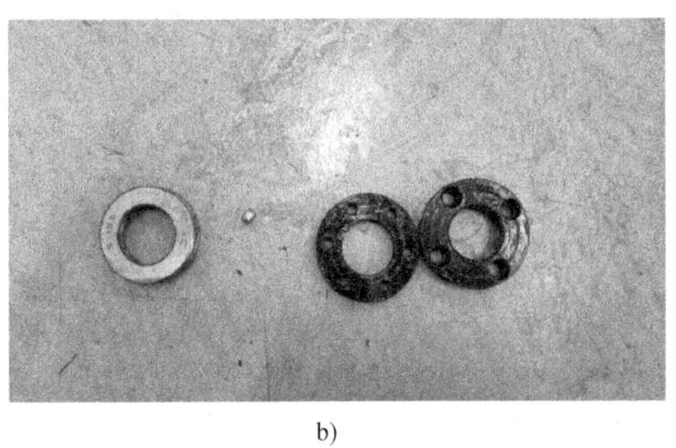

b)

图 3-7　拆卸大螺母和止退圈

7. 拆卸离合盘

拆卸离合盘，如图 3-8 所示。

a)

b)

图 3-8　拆卸离合盘

8. 拆卸活动销

拆卸活动销，如图 3-9 所示。

a)

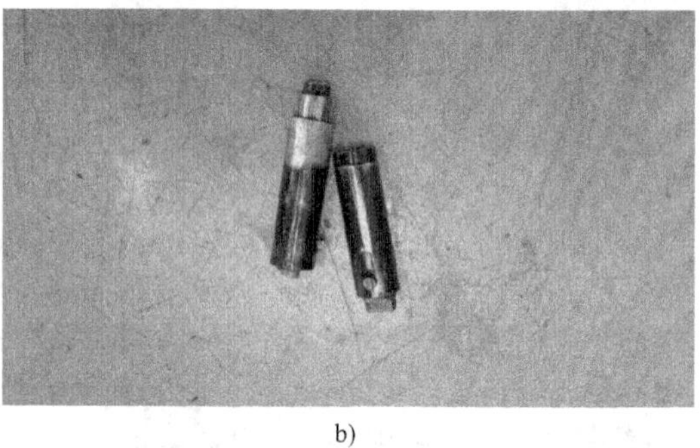

b)

图 3-9　拆卸活动销

9. 取出上刀体

逆时针旋转上刀体，取出上刀体，如图 3-10 所示。

a)

b)

图 3-10　取出上刀体

10. 拆卸螺杆

拆卸螺杆，取出定位销，如图 3-11 所示。

a)

b)

图 3-11　拆卸螺杆

11. 拆卸中轴和垫片

翻转下刀体，拆卸螺钉，取出中轴和垫片，如图 3-12 所示。

a)

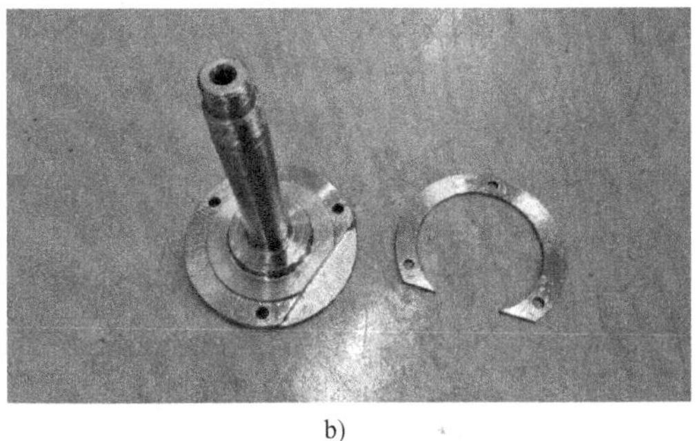

b)

图 3-12　拆卸中轴和垫片

12. 拆卸蜗轮

拆卸蜗轮，如图 3-13 所示。

a)

b)

图 3-13　拆卸蜗轮

13. 拆卸反靠盘

拆下锁紧螺钉，用拔销器拔出反靠盘，如图 3-14 所示。

图 3-14　拆卸反靠盘

14. 拆卸蜗杆

用铜棒把蜗杆拆出，如图 3-15 所示。

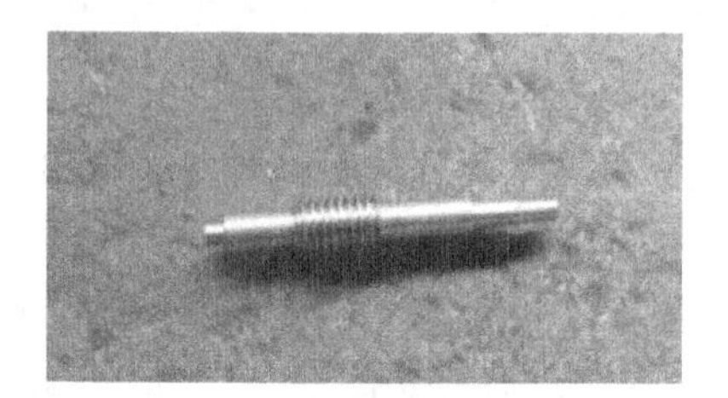

图 3-15　拆卸蜗杆

二、数控车床换刀装置装配与调整

1. 工、量具准备（图 3-16）

2. 装配要求

装配时按照表 3-2 中的要求进行装配。

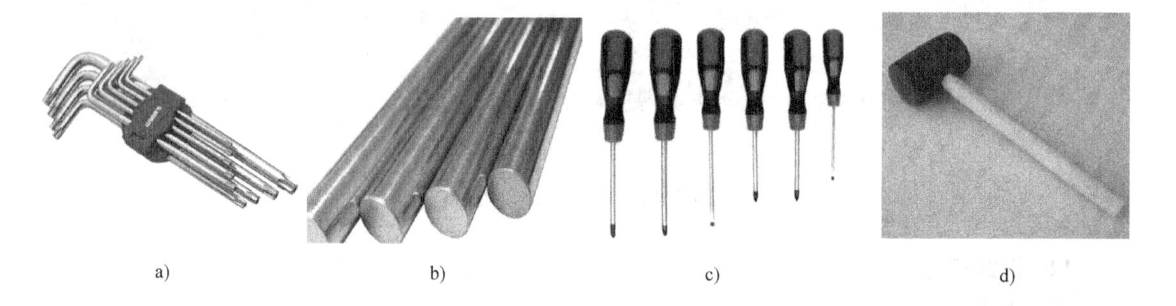

图 3-16　主要工、量具

a）内六角扳手　b）铜棒　c）螺钉旋具　d）橡胶锤

表 3-2　装配要求

序号	要　　求
1	零件的方向、位置装配正确
2	蜗轮齿面用红丹均匀涂色，与蜗杆啮合。手动转动蜗杆，保证蜗轮旋转 3 转以上，检查蜗轮中心平面的位置，选择合适垫片调整
3	装配完成后，手动转动蜗杆，能实现刀架的抬起、转位、定位、锁紧等整个换刀动作

3. 装配

1）清洗各个零件，在旋转部位加清洁润油脂。

2）根据拆卸过程，逆向装配，保证装配要求。

做一做

1）请学生根据实际操作的设备，绘制装配图、三维结构图。

2）请学生根据所学的知识，完成整个四方刀架拆装过程的幻灯片。

3）请学生根据所学的内容，自己组织文字详细填写表3-3。

表3-3　换刀装置（四方刀架）装配工艺卡

<table>
<tr><td colspan="3" rowspan="2">装配工艺卡</td><td>产品型号</td><td></td><td>图号</td><td></td><td rowspan="2">第　页</td></tr>
<tr><td>装配人员</td><td></td><td>内容</td><td></td></tr>
<tr><td>工序号</td><td>工序内容</td><td colspan="2">技术要求</td><td colspan="2">仪器及工艺装备</td><td colspan="2">图片</td></tr>
<tr><td></td><td></td><td colspan="2"></td><td colspan="2"></td><td colspan="2"></td></tr>
<tr><td></td><td></td><td colspan="2"></td><td colspan="2"></td><td colspan="2"></td></tr>
</table>

晒一晒

请学生把所绘制的图、所做的幻灯片（PPT）、所填写的工艺卡展示给其他学生，分享成果，晒一晒成功的喜悦。

思一思

请学生根据自己所学、所做、所晒的内容，思考一下自己是否能够独立完成所有内容？

检查评价

对任务实施的完成情况进行检查，并将结果填入表3-4中。

表3-4　换刀装置（四方刀架）任务评价表

序号	项目	分值	自我测评	小组测评	教师测评
			得分	得分	得分
1	拆卸	15			
2	装配与调整	15			
3	幻灯片(PPT)	15			
4	工艺卡	15			
5	绘图	15			
6	成果展示	15			
7	安全文明生产	10			
8	合计	100			
9	自我评语				
10	小组评语				
11	教师评语				

问题及防治

在学生进行任务实施实训过程中，时常会遇到如下的问题。

问题：在装配完成以后，刀架转不到位。

原因：发讯盘触点安装错位，锁紧螺母松动。

防治措施：重新调整发讯盘，锁紧螺母。

知识拓展

车削中心动力刀具主要由三部分组成即动力源、变速装置和刀具附件（钻孔附件和铣削附件等），如图 3-17 所示。

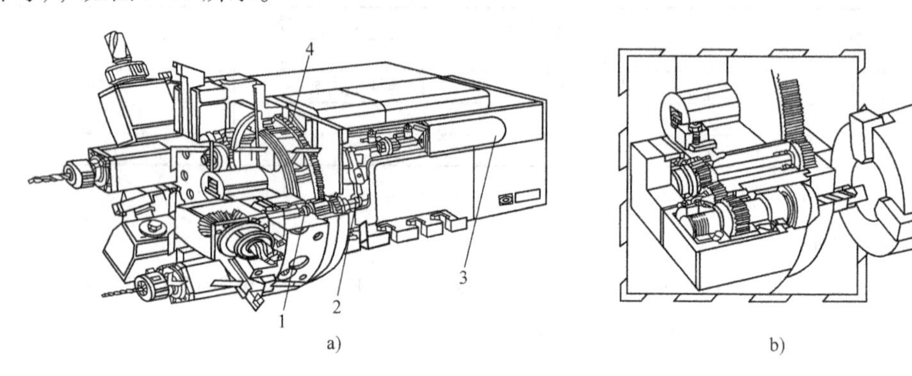

图 3-17　车削中心动力刀具

a）总体结构　b）反向设置的动力刀具

1—刀具传动轴　2—齿轮轴　3—液压缸　4—大齿轮

【思考与练习】

一、填空题

1. 经济型数控车床四方刀架换刀时的动作顺序是__________、__________、__________和__________。

2. 车削中心动力刀具主要由三部分组成，即______、________和刀具附件（钻孔附件和铣削附件等）。

二、选择题

回转刀架换刀装置常用于数控（　　）。

A. 车床　　　B. 铣床　　　C. 钻床

三、判断题（正确的画“√”，错误的画“×”）

1.（　　）数控车床采用刀库形式的自动换刀装置。

2.（　　）车削加工中心必须配备动力刀架。

项目二　加工中心换刀装置装配与调整

知识目标： 1. 掌握加工中心换刀装置装配与调整的方法和要求。

2. 掌握加工中心换刀装置的结构、工作原理。

能力目标： 1. 能对加工中心换刀装置进行拆卸。

2. 能对加工中心换刀装置进行装配与调整。

素质目标： 1. 养成独立思考和动手操作的习惯。

2. 培养小组协调能力和互相学习的精神。

工作任务

本任务要求对加工中心换刀装置（刀库）进行拆卸和装配与调整，计划步骤见表3-5。项目采用大连台鑫精机有限公司生产的，刀柄规格40，刀库容量16的刀库。

表3-5　加工中心换刀装置（刀库）进行拆卸和装配与调整的计划步骤

序　　号	步　　骤	序　　号	步　　骤
1	刀库拆卸	3	成果展示
2	刀库装配与调整	4	评价

相关理论

刀库的工作原理，如图3-18所示。

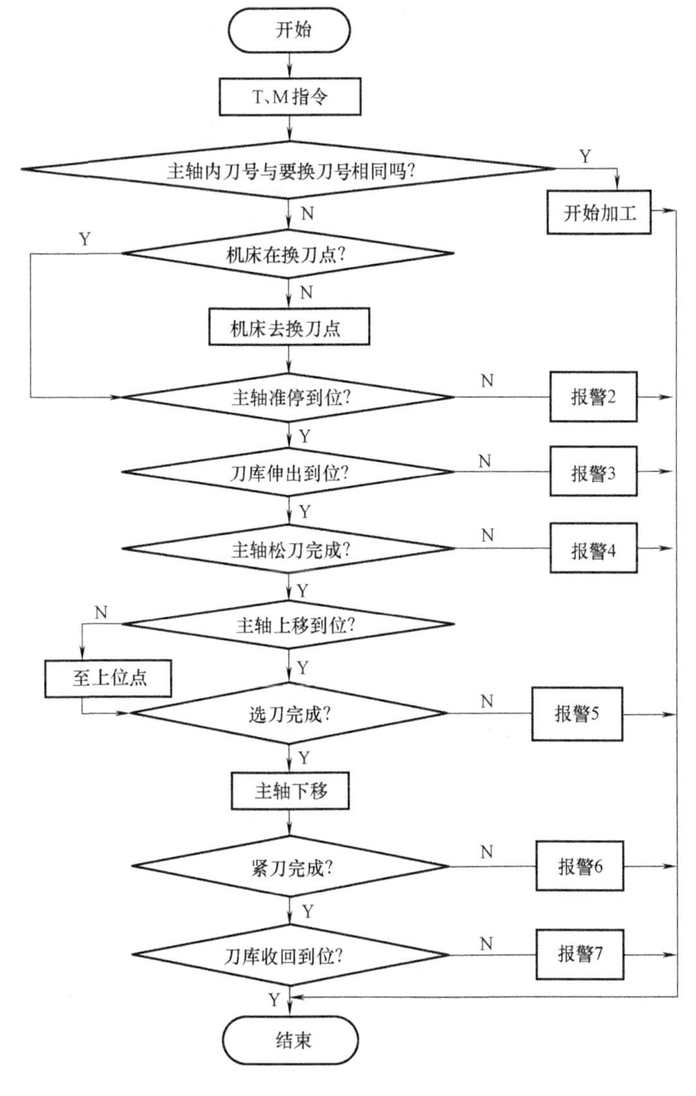

图3-18　刀库的工作原理

任务实施

一、加工中心换刀装置拆卸

1. 工具准备

拆卸的主要工具，如图 3-19 所示。

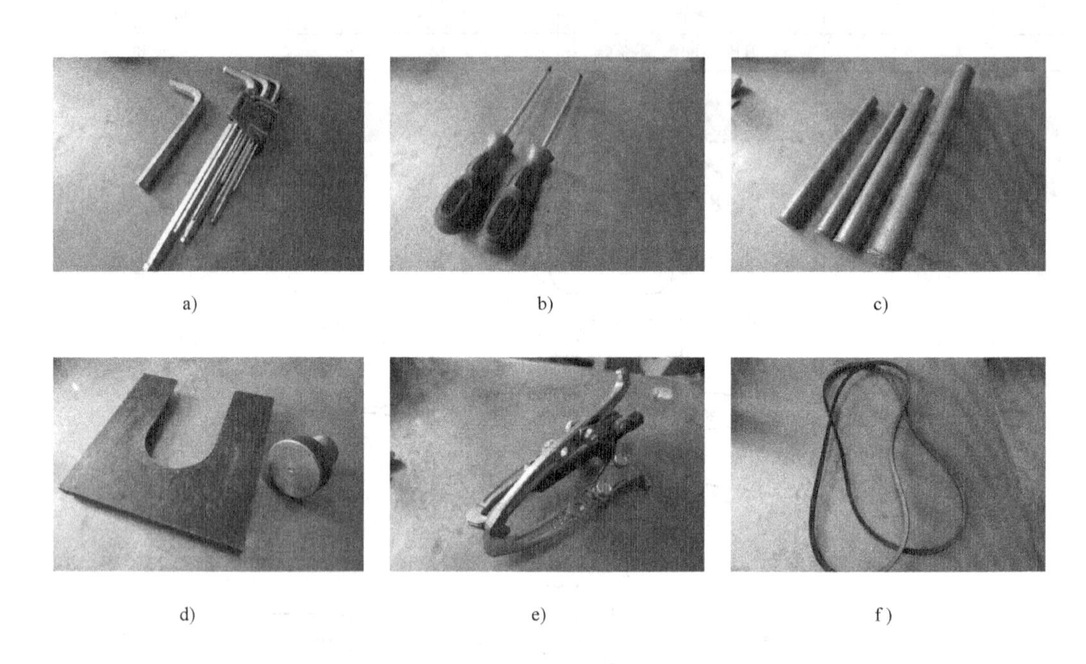

a) b) c)

d) e) f)

图 3-19 拆卸的主要工具

a）内六角扳手 b）螺钉旋具 c）铜棒 d）拉马垫铁、马蹄形垫铁

e）拉马 f）皮带（作吊绳用）

2. 拆卸顶罩

拆卸顶罩及拆卸前后的刀座，如图 3-20 ~ 图 3-24 所示。

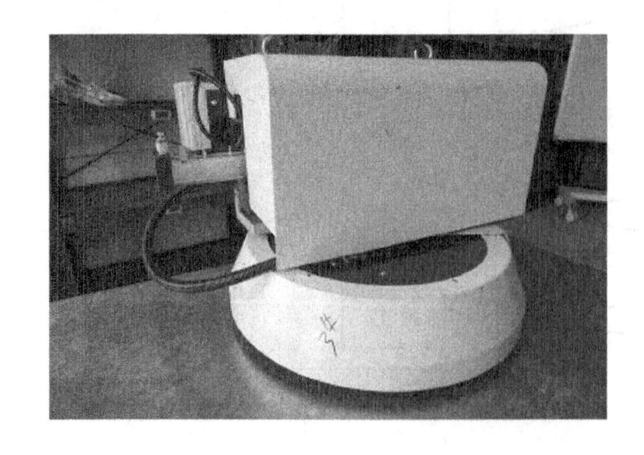

图 3-20 刀库正面

图 3-21 刀库背面

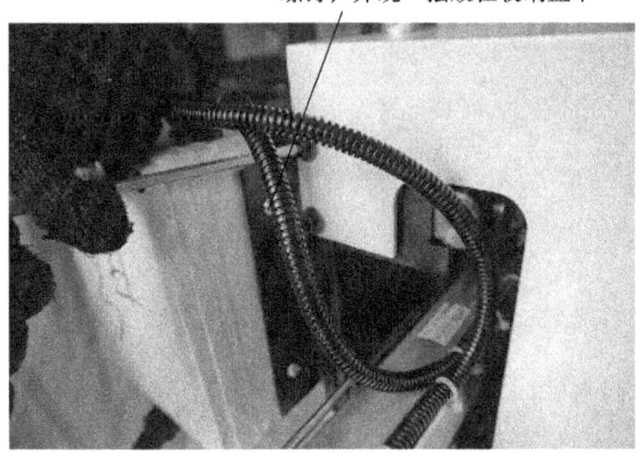

图 3-22　拆卸顶罩

图 3-23　拆卸顶罩后的刀库

图 3-24　拆卸下的顶罩

3. 拆卸环罩

拆卸环罩及拆卸后的刀库，如图 3-25 ~ 图 3-29 所示。

图 3-25　拆卸环罩限位块

图 3-26　拆卸下的环罩限位块

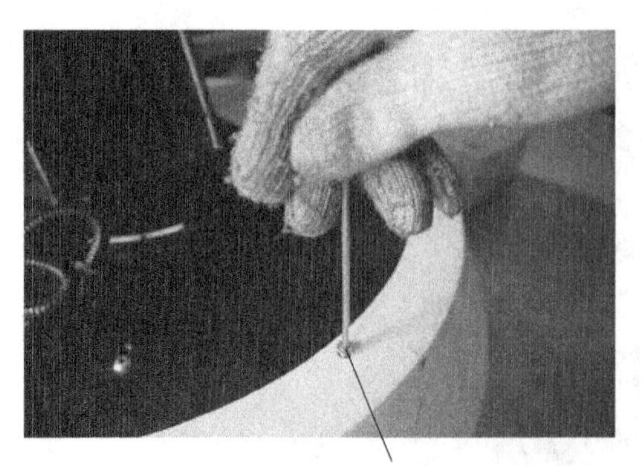

图 3-27　拆卸环罩

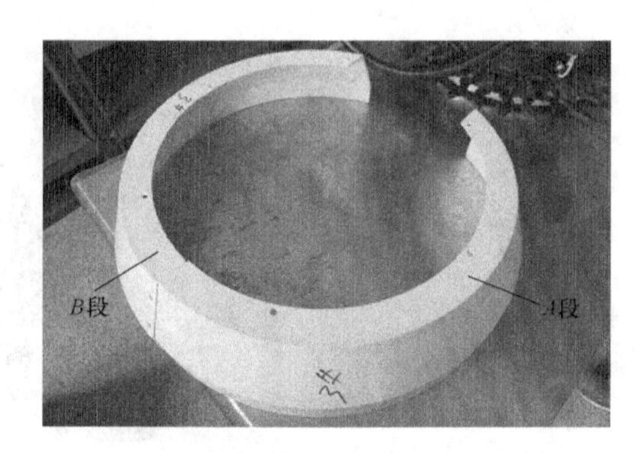

图 3-28　拆卸下的环罩 A、B 段

4. 拆卸刀盘

通过简易式液压吊车，将刀库吊起，拆卸下罩片，然后将刀库翻转放置在工作台上，如图 3-30 ~ 图 3-33 所示。

图 3-29　拆卸环罩后的刀库

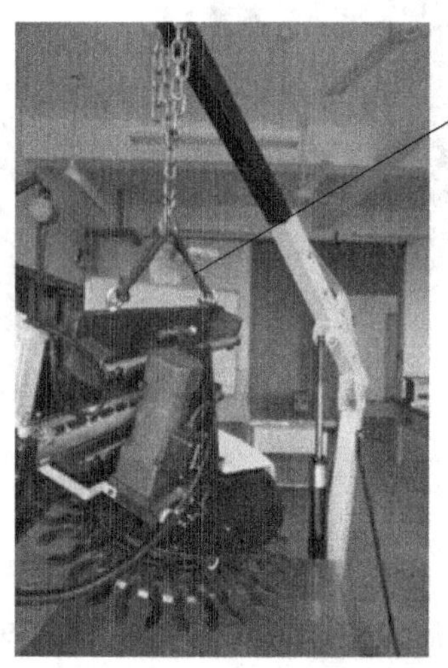

图 3-30　起吊刀库

图 3-31　起吊状态下拆卸罩片

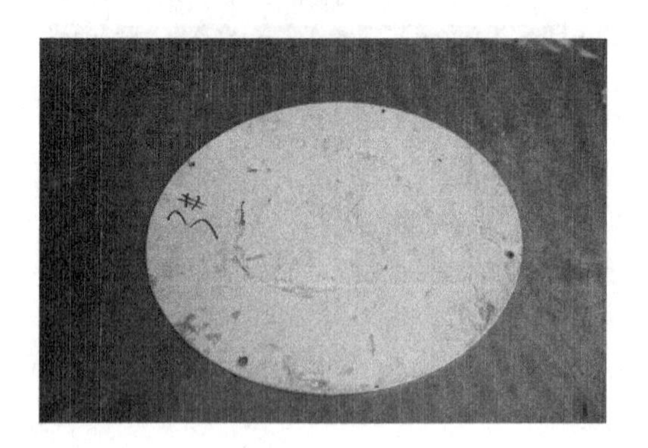

图 3-32　拆卸下的罩片

通过一字槽螺钉旋具和铜棒配合，拆卸下大螺母，如图 3-34 ~ 图 3-36 所示。

图 3-33　翻转放置刀库

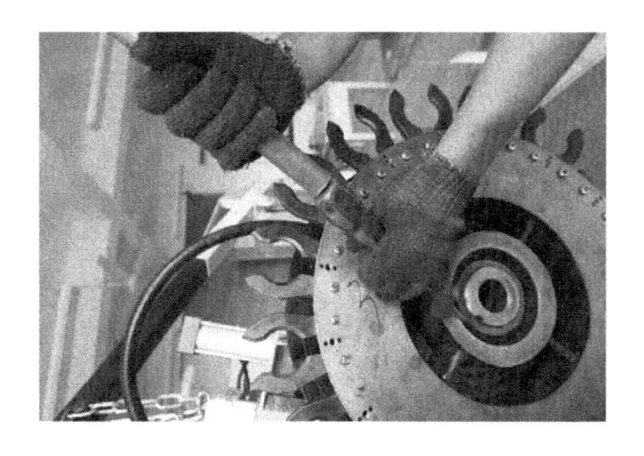

图 3-34　拆卸大螺母

图 3-35　拆卸下的大螺母

图 3-36　拆卸下大螺母后的刀盘

取下大螺母后，用铜棒敲击，利用自身重力作用，把刀盘拆卸下来；在敲击时，垫上一块垫铁，防止头部因敲击造成螺纹损坏，同时也可以扩大受力面积，如图 3-37 和图 3-38 所示。

图 3-37　拆卸刀盘

图 3-38　拆卸下的刀盘和轴承

在维修本型号的刀库（很多维修是在刀库安装在机床上的情况下维修）时，多数情况是刀爪损坏，学会拆装刀爪是关键。故学生要通过本次学习，熟练学会刀爪的装配和拆卸。如图 3-39 所示，拆卸刀爪时，用内六角扳手拆卸下螺母和螺栓。

图 3-39　拆卸刀爪

通过拆卸可知，刀爪连接是螺栓连接，螺母起放松作用。

要求每位学生都可以动手拆卸刀爪。在拆卸过程中，应轻缓用力，避免因用力过猛造成刀爪断裂。

刀爪拆卸后的分离件，如图 3-40 所示。分离后的刀盘，如图 3-41 所示。

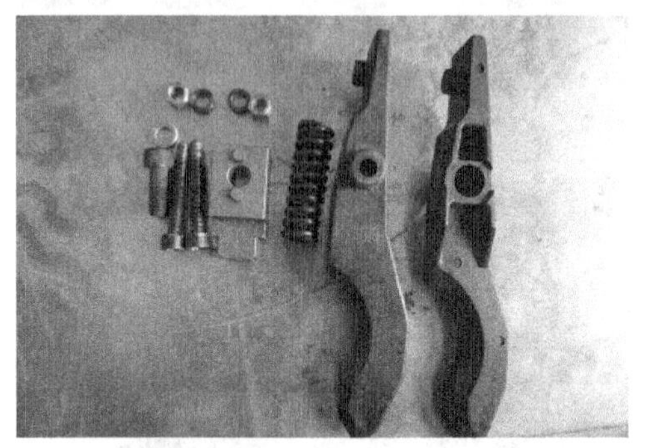
图 3-40　刀爪拆卸后的分离件

图 3-41　分离后的刀盘

5. 拆卸刀盘轴

如图 3-42 所示，通过内六角扳手松开螺钉来拆卸下刀盘轴。

图 3-42　拆卸刀盘轴

由于在刀盘轴连接状态时，轴承的拆卸比较困难，因此采取先将刀盘轴拆卸下后放置在工作台上，再进行轴承拆卸。

拆卸下的刀盘轴，如图 3-43 所示。拆卸刀盘轴后的刀库，如图 3-44 所示。拆卸刀盘轴时，拆下的大垫圈和刀盘挡圈，如图 3-45 和图 3-46 所示。

图 3-43　拆卸刀盘轴

图 3-44　拆卸刀盘轴后的刀库

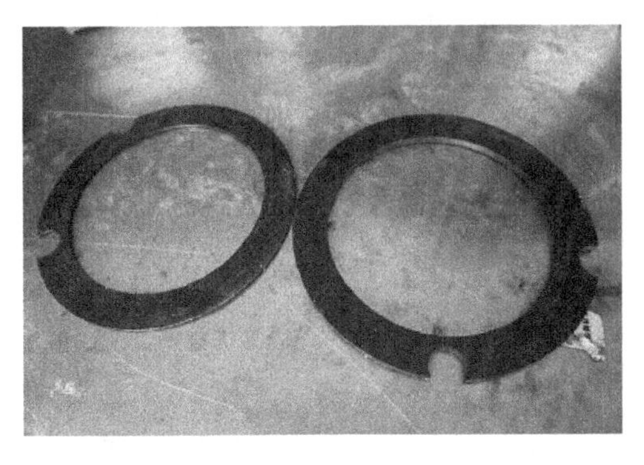

图 3-45　大垫圈

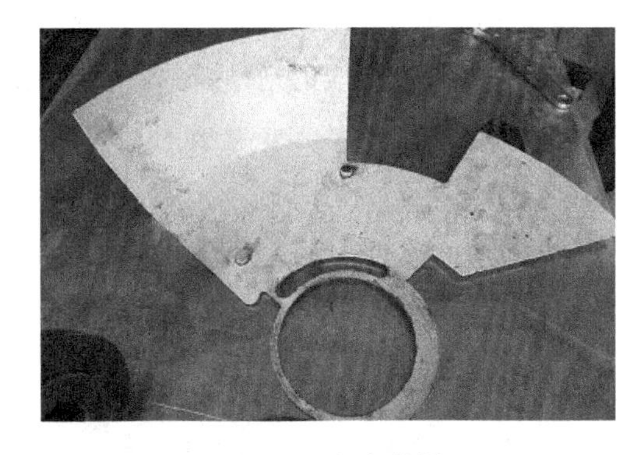

图 3-46　刀盘挡圈

采用马蹄形垫铁可以一次性将轴承拆卸下来，但是本方法受操作者熟练程度因素影响较大，不熟练操作往往会对刀盘轴的损伤较大。不过可以用马蹄形垫铁加大轴承和刀盘轴的间隙，方便用拉马拆卸轴承，如图 3-47 和图 3-48 所示。

在拆卸轴承时采用拉马，如图 3-49 和图 3-50 所示。拆卸时，只要旋转手柄，轴承就会被慢慢拉出来。拆卸轴承外圈时，拉马两脚弯角应向外张开；拆卸轴承内圈时，拉马两脚应向内，卡于轴承内圈端面上。

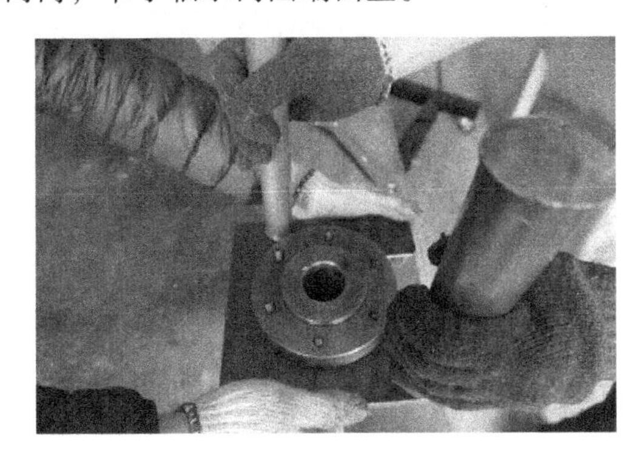

图 3-47　加大轴承和刀盘轴的间隙

图 3-48　间隙增大后的效果

图 3-49　采用拉马拆卸轴承

图 3-50　拆卸轴承后的零件

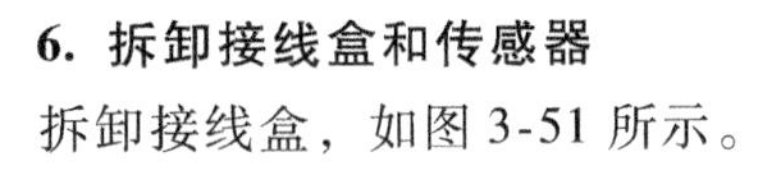

6. 拆卸接线盒和传感器

拆卸接线盒，如图 3-51 所示。

接线盒中是刀库传感器的电源线和信号线以及电动机的电源线，如图 3-52 所示。在拆卸前，对各线做好相应的记号，方便后续接线。

图 3-51　拆卸接线盒

图 3-52　刀库接线盒中各线

传感器的位置，如图 3-53 所示。用螺钉旋具旋下传感器支承座，用照片方式记录走线路径，如图 3-54 所示。

图 3-53　传感器的位置

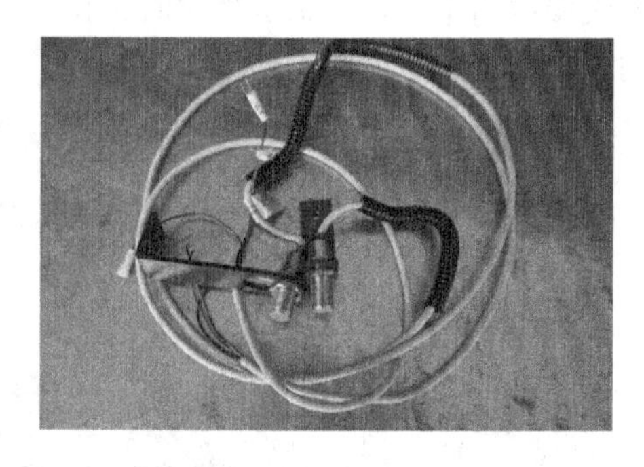

图 3-54　拆卸下的传感器

7. 拆卸顶盖

拆卸顶盖，如图 3-55 和图 3-56 所示。

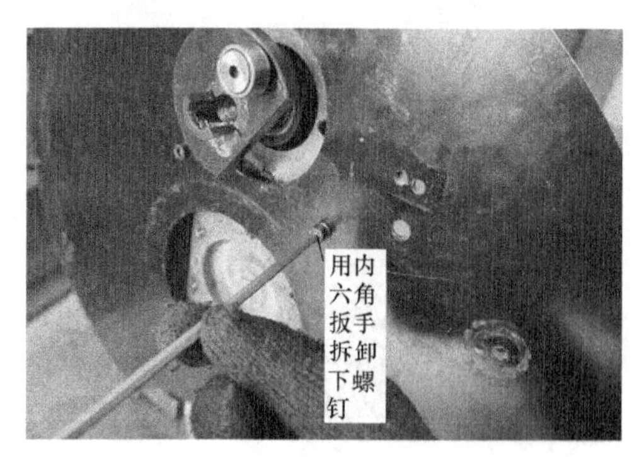

图 3-55　拆卸顶盖

图 3-56　拆卸下的顶盖

8. 拆卸电动机

拆卸电动机，如图 3-57 和图 3-58 所示。

图 3-57　拆卸电动机

图 3-58　拆卸下的电动机

9. 拆卸移动平台

拆卸移动平台，如图 3-59 所示。图 3-60 和图 3-61 所示为移除支承平台和滑杆。

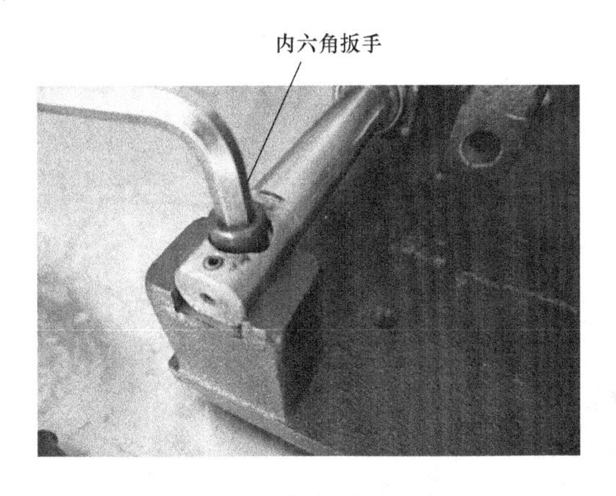

图 3-59　拆卸移动平台

图 3-60　移除支承平台

图 3-61　移除滑杆

二、加工中心换刀装置装配与调整

1. 前期准备

工、量具准备　主要装配工具，如图 3-62 所示。

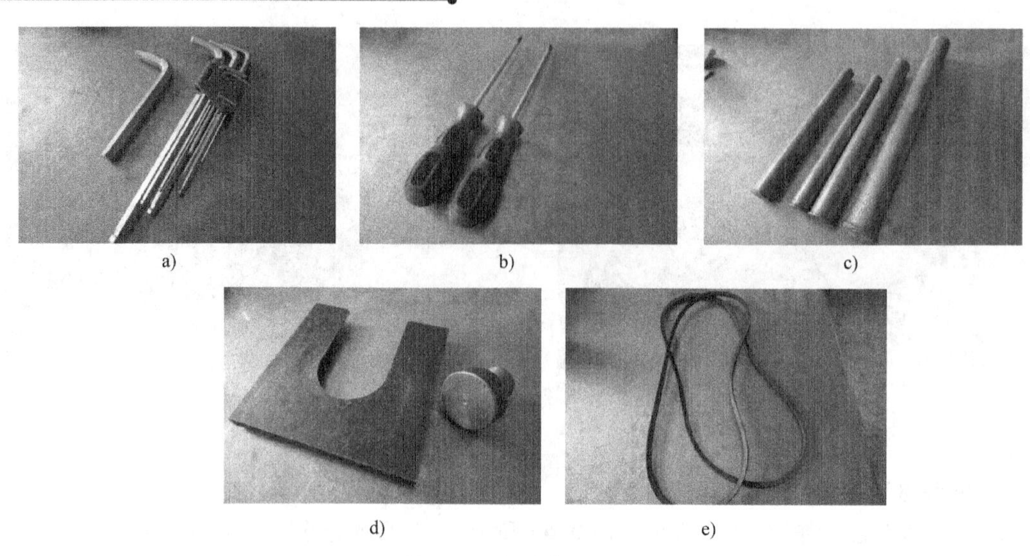

a)　b)　c)　d)　e)

图 3-62　主要装配工具

a）内六角扳手　b）螺钉旋具　c）铜棒　d）拉马垫铁、马蹄形垫铁　e）皮带（作吊绳用）

2. 装配气缸

刀库移动平台和气缸，如图 3-63 和图 3-64 所示。把气缸装配在移动平台上，如图 3-65 和图 3-66 所示。

图 3-63　刀库移动平台

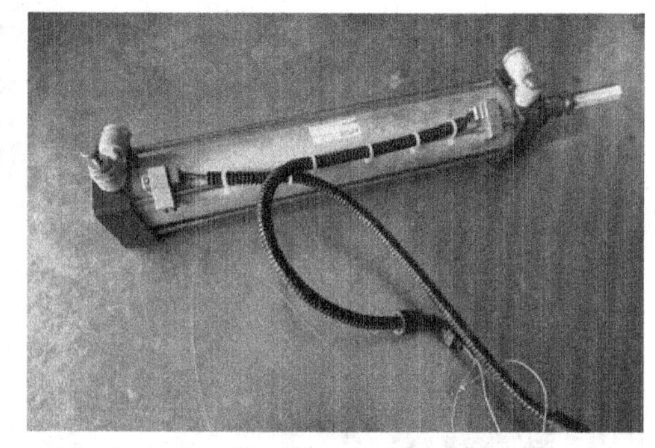

图 3-64　气缸

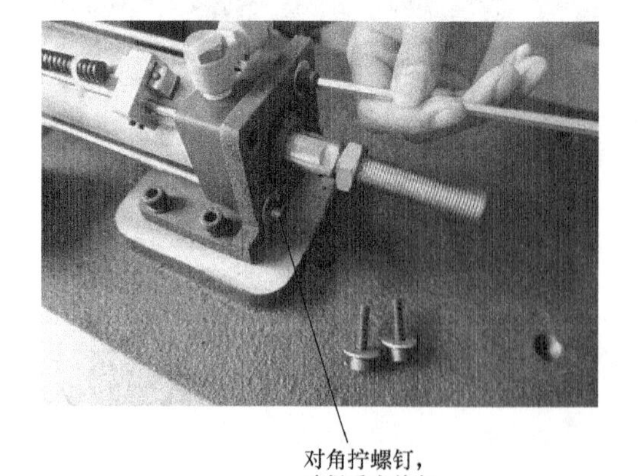

图 3-65　装配气缸

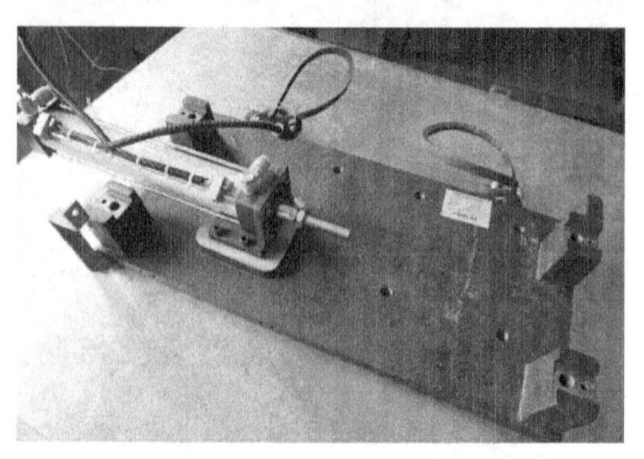

图 3-66　气缸装配完成

3. 装配移动平台

装配移动平台，如图 3-67 和图 3-68 所示。

图 3-67　安放零件

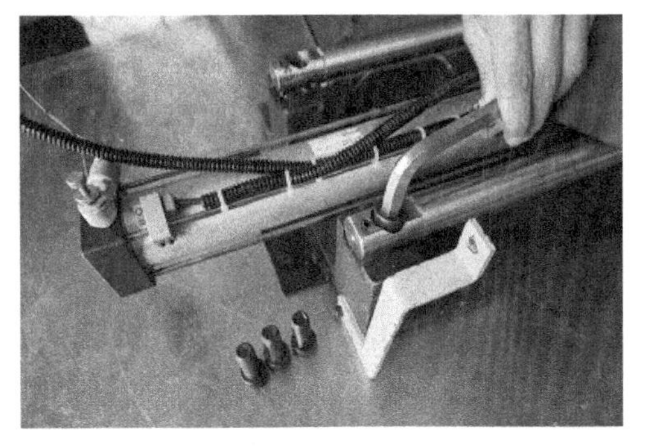

图 3-68　装配移动平台

用内六角扳手拧紧螺钉时，先将 4 个螺钉全部拧上，再平行拧紧，即同一根杆上的螺钉一起拧紧。

固定支承平台时，需要调整距离，确保不和周围发生干涉，并在调整好后，拧紧螺母，如图 3-69 所示。

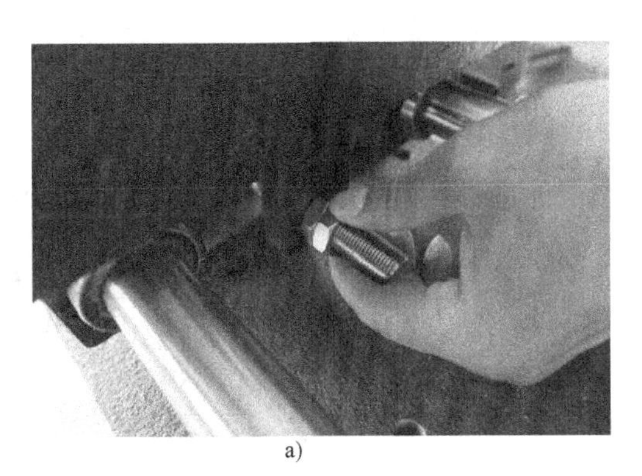

a)

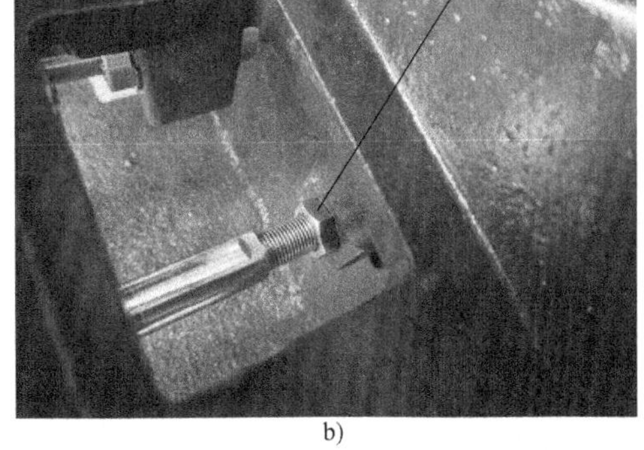

b)

图 3-69　固定支承台

4. 装配电动机

装配电动机，如图 3-70 所示。

a)

b)

图 3-70　装配电动机

5. 装配轴承

装配轴承一般采用和内圈尺寸相同的套筒。本例采用马蹄形垫铁装配轴承，如图 3-71 所示。

由于还未固定刀盘轴，轴承不能一次安装到位，如图 3-72 所示。

图 3-71　装配轴承

图 3-72　初步装配轴承

6. 装配刀盘轴

装配刀盘轴，如图 3-73 所示。

装配刀盘轴时，先全部拧上螺钉，后对称拧紧。完成步骤 7 和 8 后，通过第 5 步的方法完成轴承的安装，如图 3-74 所示。

图 3-73　装配刀盘轴

图 3-74　装配轴承

7. 装配防护罩

装配防护罩，如图 3-75 所示。

装配防护罩时，按厚垫圈→移动防护罩→薄垫圈顺序装配。

8. 装配顶盖

装配顶盖，如图 3-76 和图 3-77 所示。在装配时，需要同时加垫铁，防止拧紧后卡死刀盘防护罩。

图 3-75　装配防护罩

9. 装配刀爪

装配刀爪，如图 3-78 所示。

装配刀爪重复性比较高，教师可以结合视频和现场操作讲解。

图 3-76　装配顶盖一

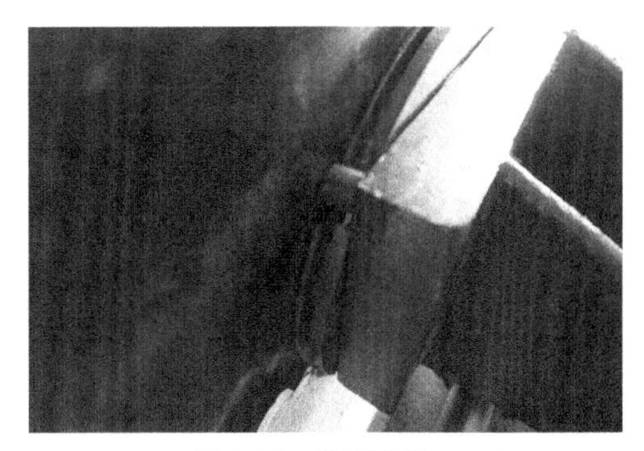

图 3-77　装配顶盖二

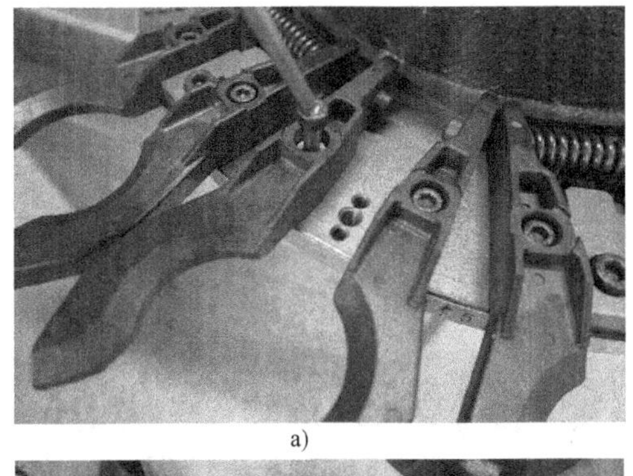

a)

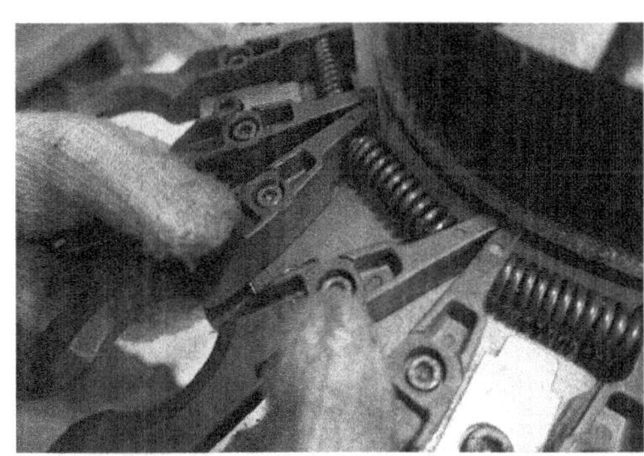

b)

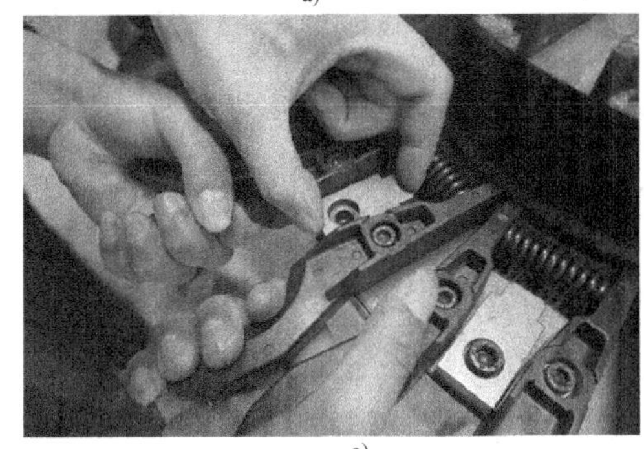

c)

d)

图 3-78　装配刀爪

10. 装配传感器

装配传感器，如图 3-79 所示。

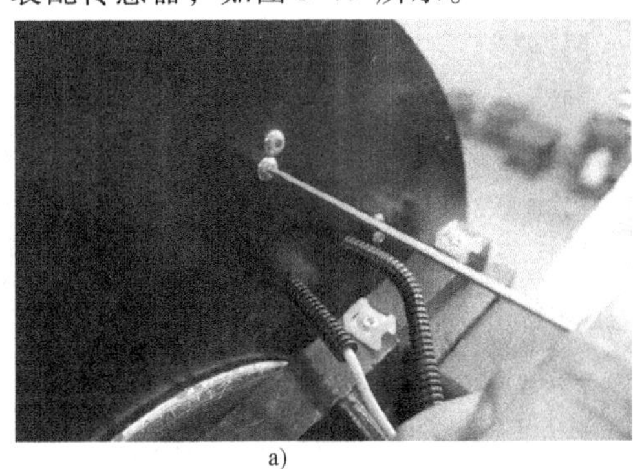

a)

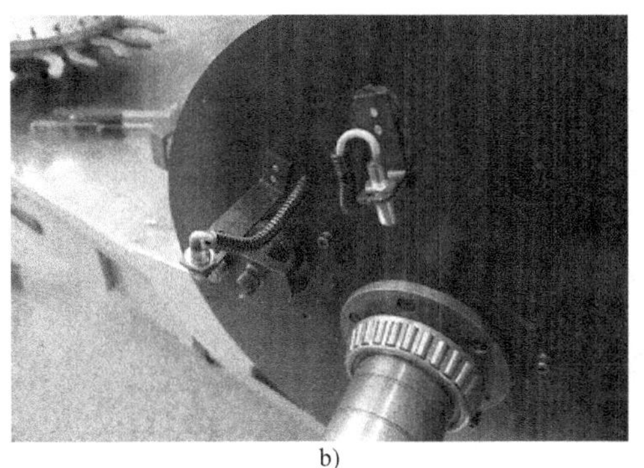

b)

图 3-79　装配传感器

11. 装配刀盘和刀盘轴承

装配刀盘和刀盘轴承，如图3-80～图3-82所示。

刀盘质量较大，在装配中需要多个学生配合，注意安全。

12. 装配大螺母

装配大螺母，如图3-83所示。

13. 装配环罩

调整刀库的摆放位置，如图3-84所示。装配环罩，如图3-85所示。

图3-80 装配刀盘一

图3-81 装配刀盘二

图3-82 装配刀盘轴承

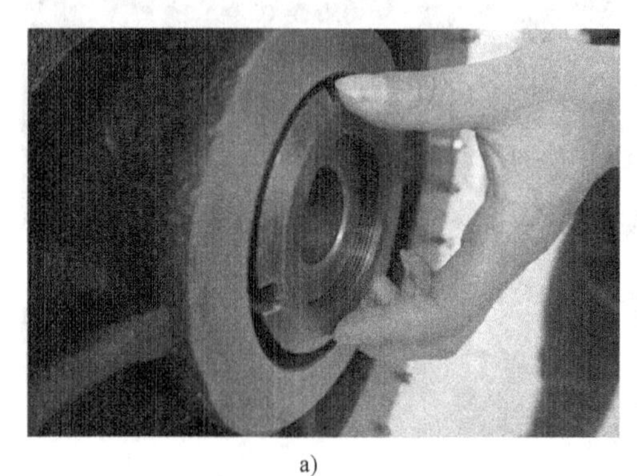

a)

b)

图3-83 装配大螺母

图3-84 调整刀库的摆放位置

图3-85 装配环罩

14. 装配接线盒

装配接线盒时，根据说明书或拆线时的标记接线，如图 3-86 所示。

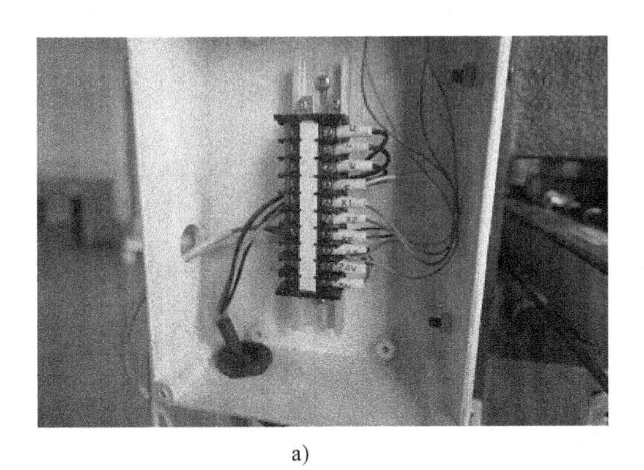

a)

b)

图 3-86　装配接线盒

15. 装配罩片，完成刀库的整体安装

起吊刀库，装配罩片，如图 3-87 和图 3-88 所示。

图 3-87　起吊刀库

图 3-88　装配罩片

做一做

1）请学生根据实际操作的设备，绘制装配图、三维结构图。

2）请学生根据所学的知识，完成整个拆装过程的幻灯片（PPT）。

3）请学生根据所学的内容，自己组织文字详细填写表 3-6。

表 3-6　换刀装置（刀库）装配工艺卡

<table>
<tr><td colspan="2" rowspan="2">装配工艺卡</td><td>产品型号</td><td></td><td>图号</td><td></td><td rowspan="2">第　页</td></tr>
<tr><td>装配人员</td><td></td><td>内容</td><td></td></tr>
<tr><td>工序号</td><td>工序内容</td><td colspan="2">技术要求</td><td colspan="2">仪器及工艺装备</td><td>图片</td></tr>
<tr><td></td><td></td><td colspan="2"></td><td colspan="2"></td><td></td></tr>
<tr><td></td><td></td><td colspan="2"></td><td colspan="2"></td><td></td></tr>
<tr><td></td><td></td><td colspan="2"></td><td colspan="2"></td><td></td></tr>
</table>

晒一晒

请学生把所绘制的图、所做的幻灯片（PPT）、所填写的工艺卡展示给其他学生，分享成果，晒一晒成功的喜悦。

思一思

请学生根据自己所学、所做、所晒的内容，思考一下自己是否能够独立完成所有内容？

检查评价

对任务实施的完成情况进行检查，并将结果填入表3-7中。

表3-7 换刀装置（刀库）任务评价表

序号	项目	分值	自我测评	小组测评	教师测评
			得分	得分	得分
1	拆卸	15			
2	装配与调整	15			
3	幻灯片(PPT)	15			
4	工艺卡	15			
5	绘图	15			
6	成果展示	15			
7	安全文明生产	10			
8	合计	100			
9	自我评语				
10	小组评语				
11	教师评语				

问题及防治

在学生进行任务实施实训过程中，时常会遇到如下的问题。

问题：在拆卸刀库时，学生如何安全操作？

答：刀库零件较多，拆卸和安装比较复杂，教师应示范教学，特别是起吊，安放较重零件，应检查吊绳是否安装妥当，避免安全事故的发生。

防治措施：在学生第一次操作时，教师应示范教学，在存在安全隐患的地方，教师应每组检查后方可操作，也可在每组中设立安全员配合教师教学。

知识拓展

刀库结构较复杂，且在工作中又频繁运动，所以故障率较高。目前机床上有60%以上的故障都与之有关，如刀库定位伸缩不到位，刀库运动故障、定位误差过大等。这些故障最后都会造成换刀动作卡位，整机停止工作。因此刀库维护十分重要。

一、刀库的维护要点

1）严禁把超重、超长的刀具装入刀库，防止在机械手换刀时掉刀或刀具与工件、夹具等发生碰撞。

2）顺序选刀方式必须注意刀具放置在刀库中的顺序要正确，其他选刀方式也要注意所换刀具是否与所需刀具一致，防止换错刀具导致事故发生。

3）用手动方式往刀库上装刀时，要确保装到位，装牢靠，并检查刀座上的锁紧装置是否可靠。

4）经常检查刀库的回零位置是否正确、检查机床主轴回换刀点位置是否到位，发现问题要及时调整，否则不能完成换刀动作。

5）要注意保持刀具刀柄和刀套的清洁。

6）开机时，应先使刀库和机械手空运行，检查各部分工作是否正常，特别是行程开关和电磁阀能否正常动作。检查机械手液压系统的压力是否正常，刀具在机械手上锁紧是否可靠，发现不正常时应及时处理。

二、刀库的故障

刀库的主要故障有刀库不能转动或转动不到位，刀套不能夹紧刀具，刀套上下不到位等。

（1）刀库不能转动或转动不到位　刀库不能转动或转动不到位的原因可能有：

1）连接电动机轴与蜗杆轴的联轴器松动。

2）变频器故障，应检查变频器的输入、输出电压是否正常。

3）PLC无控制输出，可能是接口板中的继电器失效。

4）机械连接过紧，电网电压过低。

5）电动机转动故障，传动机构误差。

（2）刀套不能夹紧刀具　原因可能是刀套上的调整螺钉松动，或弹簧太松造成夹紧力不足，或刀具超重。

（3）刀套上下不到位　原因可能是装置调整不当或加工误差过大而造成拨叉位置不正确；限位开关安装不正确或调整不当而造成反馈错误信号。

【思考与练习】

一、填空题

1. 采取顺序选刀方式的机床必须做到刀具放置在刀库上的______要正确。

2. 刀套上的调整螺钉松动或弹簧______，将使刀套不能夹紧刀具。

二、选择题

刀具交换时，掉刀的原因主要是由于（　　）引起的。

A. 电动机的永久磁体脱落　　B. 松锁刀弹簧压合过紧

C. 刀具重量过小　　D. 机械手转位不准或换刀位置飘移

三、判断题（正确的画“√”，错误的画“×”）

1.（　　）换刀时发生掉刀的可能原因之一是时间太短。

2.（　　）换刀时发生掉刀的可能原因之一是刀具超过规定重量。

3.（　　）加工中心上使用的刀具有重量限制。

模块四 数控机床液压与气压装置装配与调整

项目一 数控机床液压装置装配与调整

知识目标： 1. 掌握数控车床液压装置装配与调整。
2. 掌握数控机床液压装置工作原理图的识图知识。
3. 掌握数控机床液压装置维护保养和排除调试中故障。

能力目标： 1. 能对数控车床液压装置进行拆卸。
2. 能对数控车床液压装置进行装配与调整。

素质目标： 1. 养成独立思考和动手操作的习惯。
2. 培养小组协调能力和互相学习的精神。

工作任务

本任务要求对数控车床液压装置进行拆卸和装配与调整，计划步骤见表4-1。

表4-1 数控车床液压装置进行拆卸和装配与调整的计划步骤

序　号	步　骤	序　号	步　骤
1	数控车床液压装置拆卸	3	成果展示
2	数控车床液压装置装配与调整	4	评价

相关理论

一、数控车床液压装置的工作原理

图4-1所示为数控车床液压装置工作原理图。由单向变量液压泵通过油箱吸取液压油，然后经过过滤器过滤液压油，去除杂物。接着经过一个单向阀使液压油不倒流，通过一个压力表监控液压压力。从压力表处分支出去四个油路。

左第一个油路是液压卡盘的夹紧系统回路。首先通过减压阀进行适当减压，此处有一个直接回油箱的接口。接下来通过两个二位四通电磁换向阀，提供给中空回转液压缸进行进油和回油工作，并且中间装有一个压力表，提供卡盘夹紧力的监视调控。

左第二个液压回路是控制刀架的正反转，通过一个三位四通电磁换向阀控制进油和回油，通过单向调速阀控制速度和油不回流，最后接在双作用定量液压马达的进行旋转刀架进行换刀。

左第三个液压回路是控制刀架旋转后的固定和松开，固定后使刀架在加工中不振动，松开后进行换刀。此回路是由一个二位四通电磁换向阀接上一个双作用单活塞液压缸组成。通过一个二位四通电磁换向阀控制回油让双作用单活塞液压缸移动松开刀架。当刀架旋转到程序指定的刀具号时，电磁换向阀控制进油让双作用单活塞液压缸移动固定刀架。

左第四个液压回路是控制液压尾座套筒伸出和退回。通过压力表观察后，调节尾座套筒顶尖的压力，保证顶尖力适当，不因力过大将工件顶弯曲。液压油先通过减压阀减压，再通过一个三位四通电磁换向阀，然后液压油进入单向调速阀，其对液压油进行流速和方向控制，最后双作用单活塞液压缸进油而向前移动顶住工件。电磁换向阀控制回油，这时双作用单活塞液压缸就退回松开顶住的工件。

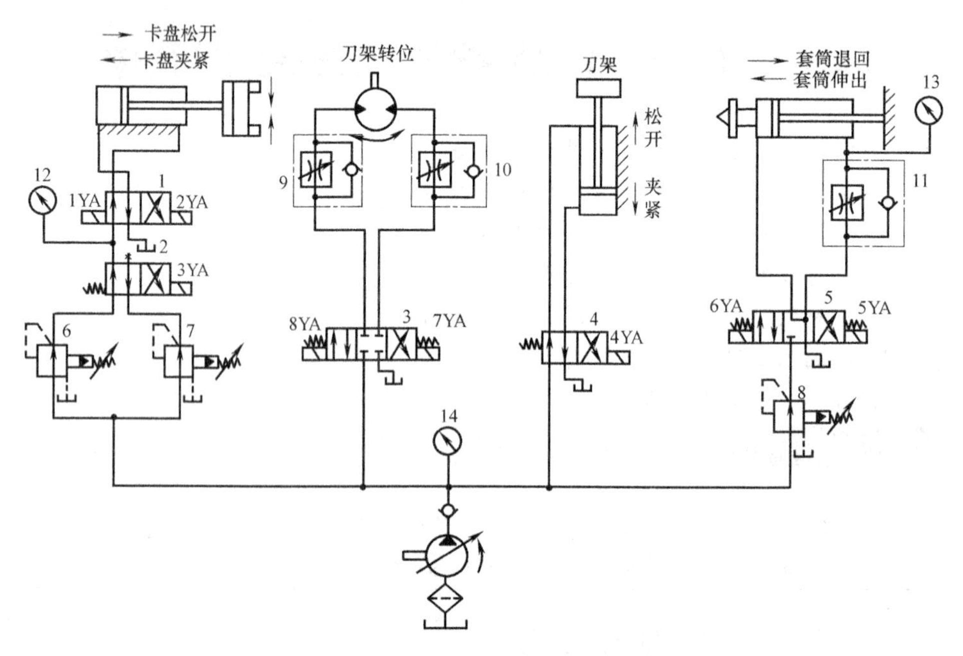

图 4-1　数控车床液压装置工作原理图

1、2、4—二位四通电磁换向阀　3、5—三位四通电磁换向阀　6、7、8—减压阀

9、10、11—单向调速阀　12、13、14—压力表

二、液压装置装配注意事项

(1) 液压管道装配　液压硬管的安装长度和管径要合适，以便于元件调整、修理和更换。油液通道应有足够的通流面积，否则会因流速加快而损失能量。接头材料一般为金属，管道材料一般为金属、耐油橡胶编织软管、材脂高压软管及其他与工作介质相容的材质。为便于拆装，应避免紧拉。弯曲处应圆滑，不应有明显的凹痕及压偏现象，如图 4-2a 所示。管子的弯管半径取大值，其最小弯管半径约为硬管外径的 2.5 倍。接管端处应留出直管部分，其距离为管接头螺母高度的 2 倍以上。建议不要太多的 90°弯曲，流体经过一个 90°弯曲管的压降比经过两个 45°弯曲管要大。布置管道时，尽量使管道远离需经常维修的部件。管道排列应有序、整齐，便于查找故障、保养和维修，如图 4-2b 所示。管道排列应尽量采

用水平或垂直布管，平行或交叉的管系之间应有10mm以上的空隙。

软管在保证有足够的弯曲半径情况下，其长度应尽可能短，可以避免在安装或设备运行中软管发生严重变曲和变形，必要时应设软管保护装置，过小的弯曲半径会大大降低软管的使用寿命。扭曲的软管同时还会松脱接头的连接。软管要有一定的松弛，来补偿受压时发生的软管收缩现象。使用管夹可以保证软管的定位。在安装胶管时，管道的长度、角度、螺纹均要合适，不能强行进行装配，否则会使管道变形，产生安装应力，导致其强度下降。

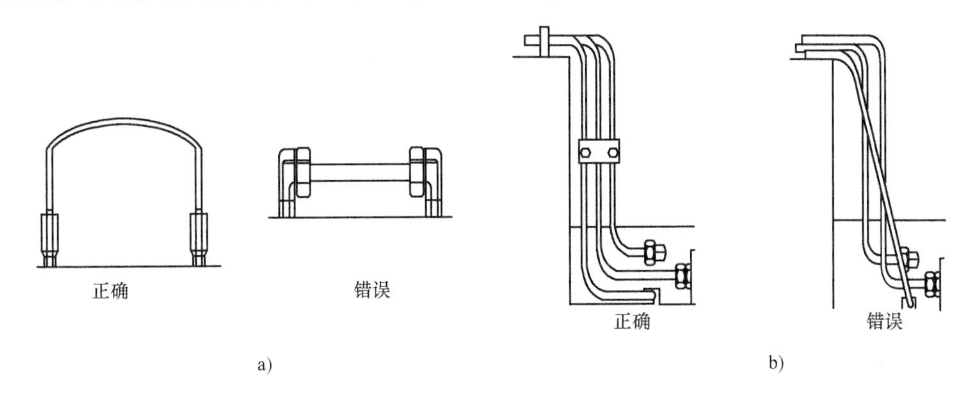

图4-2　液压管道装配

a）液压管道接口间连接方式　b）液压管道布置方式

1）扩口式接头装配。液压系统管子在安装前应先垂直锯下钢管后去掉内外径毛刺，清除里面的脏物，有需要时套上衬套、螺母后在专用设备上扩口。安装时应该使钢管、扩口轴线与接头体锥面轴线同心。将管子扩口面与接头体锥面对准贴紧后，用手拧紧螺母，再用扭力扳手扳紧。如无扭力扳手，可用普通扳手再拧紧1~2圈，一般按照经验大规格拧紧1圈，小规格拧紧2圈，特殊情况可以加大。在使用扩口式接头时候，应注意以下几点。

① 钢管轴线与接头体锥面轴线必须同轴，如果不是同轴，禁止强行将管子扳到位。

② 拧紧力矩不能过大或过小。过大管子有开裂，若出现，必须更换，不然会造成漏油。

③ 接头体或管子处的密封面上不能有影响密封的杂质、凹坑等。

2）55°密封管螺纹接头装配。

① 检查油口及连接螺纹，保证无脏物、毛刺及其他异物。

② 在外螺纹上加密封胶水或密封带，但是在第1、2牙螺纹上不要覆盖密封料，以避免污染系统油液。加生料带时应按顺时针方向（从管端看）在外螺纹上缠绕1.5~2圈。

③ 用手拧紧，然后再用扳手扳紧1.5~3圈，一般按照经验小规格扳紧2.5圈左右，大规格扳紧2圈左右，特殊情况可以加大。

（2）液压元件装配

1）泵和各种阀以及指示仪表等的安装位置，应注意使用及维修的方便。现在一般使用叠加阀，如图4-3所示。液压泵的安装入口、出口和旋转方向，一般在泵上均由标明，不得反接。

2）安装各种阀时，应注意进油口与回油口的方位，如果将各种阀进油口与回油口装反，将会造成事故，请加强重视。

3）在安装时如果阀及某些连接件购置不到时，可以代用，但应相适应和通用，一般油的耗量不得大于技术性能内所规定的40%。

4）一般需要调整的阀件，顺时针方向旋转时是增加流量、压力；逆时针方向旋转时是减少流量、压力。

5）方向阀安装时，一般应使其轴线在水平位置上，否则会造成方向阀不正常工作。

6）液压缸安装应牢固可靠。如果在工作温度高的场合使用，为了防止热膨胀的影响，缸的一端必须保持浮动。配管连接不得松弛。

7）液压缸的安装面和活塞杆的滑动面，应保持足够的平行度和垂直度。

8）移动缸的中心线与负载作用力的中心线同轴。

9）为了避免空气渗入阀内，连接处应保证密封良好。

10）有些阀件为了安装方便，制造的时候开有同作用的两个孔，安装后不用的一个注意要堵死，否则造成喷油现象。

11）用法兰安装的阀件，螺钉不能拧得过紧，因为有时过紧反而会造成密封不良。原来的密封件或材料如不能满足密封时，应更换密封件的形式或材料。

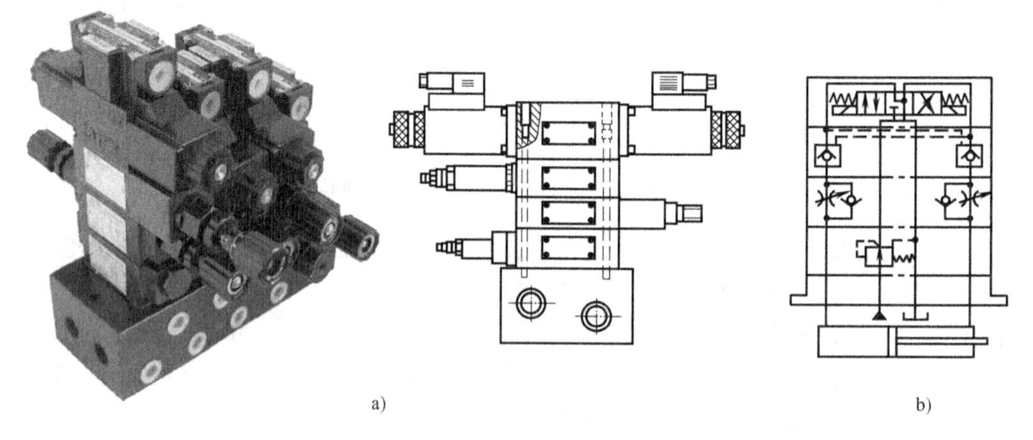

图 4-3　叠加阀

a）叠加阀实物图　b）叠加阀的液压工作原理图

（3）调试液压装置　在装配好后准备调试液压回路。首先在油箱中加入设计要求的工作液压油，接好液压站的电动机线，如果情况可以的话，在附近设置一个断路器以便出现情况时可以快速启闭液压站电动机。然后测试电动机转向是否符合要求，用堵头将液压站放油口封上。

1）调试液压回路。开启电动机，低压运行 20min 以排气和冲洗液压管道系统。用吸水性好的纸擦拭干净各密封处，然后注意观察有无渗漏现象。调节减压阀逐次升高压力，每次提高 5MPa，时间控制在 3min 看有无渗漏，直至压力升到设计压力的 1.2 倍时止，时间控制在 10min。最后全面检查，必须保证所有焊缝、接口和密封处无漏油，管道无永久变形。在试压中注意观察调节减压阀时压力表显示的压力升降是否平稳和灵敏。

2）调试液压泵。在工作压力下运行，液压站液压泵不能有异常噪声。如为变量泵，其调节装置应该灵活可靠。液压泵发热在规定的技术要求内。然后调试换向阀，反复操纵换向阀 3 ~ 5 次，要求换向阀换向灵敏、可靠和无卡滞现象。

3）调试节流阀。将单向节流阀全开，顺时针旋转，操作换向阀，用秒表计算液压缸的伸缩速度，统计 10 次后按公式计算系统流量是否符合设计要求，同时注意观察溢流阀中不得有溢流现象，然后观察压力表显示压力不得超过系统设计压力。然后拧松单向节流阀，记录液压缸的伸缩速度，观察单向节流阀调节流量是否平稳可靠，如果都符合要求说明节流阀正常。

调试完毕后需要检查系统的过滤器。如果在过滤器滤芯背面能看到明显的铁屑、焊渣等异物，去除异物后按照1）中再次冲洗10min，然后再次检查，直到目视无杂物为止。已污染的滤芯需要换成新滤芯。

（4）液压装置维护保养

1）每日检查。液压泵有无异常噪声，压力表指示是否正常，油箱工作油面是否在允许的范围内，各管道的接头有无泄漏和明显的振动。

2）季度检查。

① 油箱。油面必须正确，油必须是规定类型并且具有相应的黏度。对于大型系统，可进行定期油样分析，确认油液是否能继续使用。

② 进油管道。必须检查损坏及严重弯曲情况。它会减少油管的通径，成为噪声源。

③ 液压泵。检查轴的密封和其他漏油情况。

④ 压力油管。压力端的不同管道应沿油液流动方向逐个检查，不应存在泄漏。

⑤ 控制部分。主要检查阀接口处的泄漏情况。

⑥ 回油管道及过滤器。应检查它们的泄漏情况。过滤器必须检查，如没有污染指示，需将过滤器取出，检查是否需要清洗或更换。

⑦ 执行元件。需检查泄漏情况。

3）年检查。清洗减压阀、过滤器、油箱油底；更换或过滤液压油，注意在向油箱加入新油时必须经过过滤和去水分。

任务实施

一、数控车床液压装置拆卸

液压系统的管道与主机分离部件的接口处均应进行编号和标记，对于压力管路、控制管路、回油及泄漏管路应用不同的标记，特别对于管路连接的两端应进行相应标记，便于拆卸后恢复。

1. 工具准备

拆卸的主要工具，如图4-4所示。

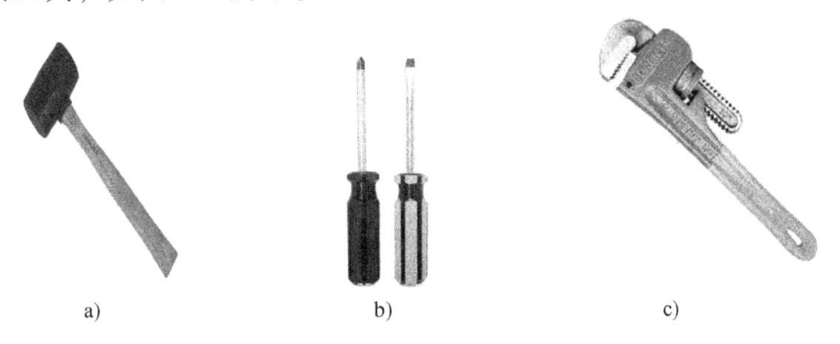

a)　　b)　　c)

图4-4　拆卸的主要工具

a）橡胶锤　b）螺钉旋具　c）管子钳

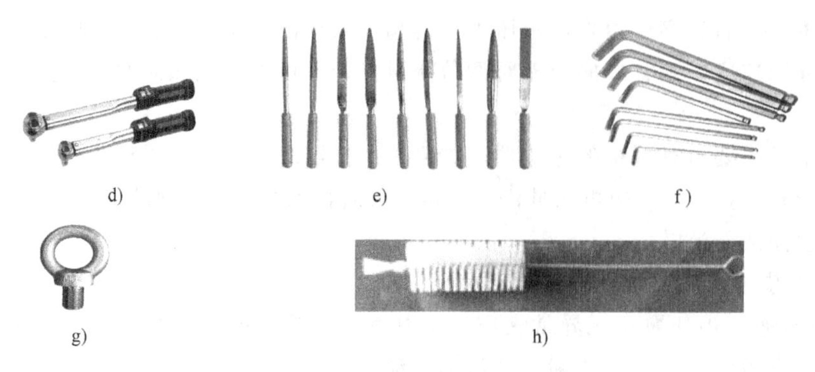

d) e) f) g) h)

图 4-4 拆卸的主要工具（续）
d）扭力扳手 e）去毛刺锉刀 f）内六角扳手 g）吊环 h）管道清洁刷子

2. 液压站放油

关闭电源，找到车床的液压站，用螺钉旋具拆开防护门。准备好几个的工具盒，分别写上编号，方便放置物品和达到企业 7S 要求。用内六角扳手拧开图 4-5a 所示放油口进行放油，使其流入工具盒一中，将液压站所有油放完。等液压站上油刻度表为零，压力表上显示为零，说明油放完了。

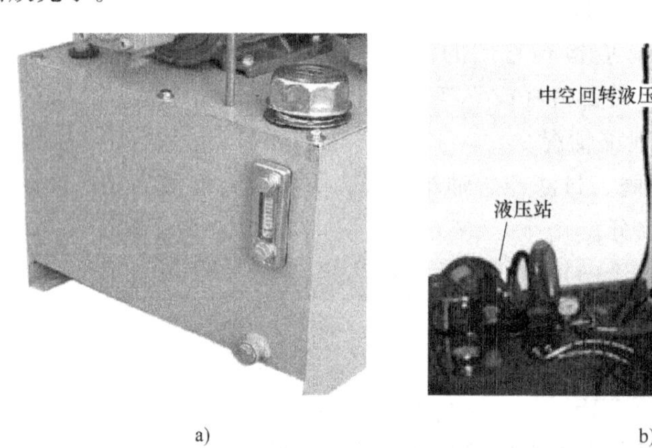

a) b)

图 4-5 液压站和中空回转液压缸
a）液压站 b）中空回转液压缸连接管道

3. 拆卸中空回转液压缸连接管道

根据图 4-5b 找到中空回转液压缸，用扳手和螺钉旋具拆卸进油口和回油口的两根黑色的油管，将油管放入工具盒一中，使多余的油放入工具盒一中，并用记号笔在进回油口标上记号，以便于安装时不易搞错。

4. 拆卸中空回转液压缸

依据图 4-6 所示的原理先将液压卡盘用铁杆固定，使其不能转动；再将连接法兰盘 1 上面的螺钉用内六角扳手取下，放入工具盒二中；然后用橡胶锤均匀敲击并旋转使连接法兰盘 1、螺纹连杆和中空回转液压缸分离，将中空回转液压缸放入工具盒二中。

5. 拆卸液压卡盘和螺纹连杆

根据图 4-7a 将卡爪 6 个固定螺钉取下，卸下卡爪放入工具盒二中；然后再拆卸液压卡盘

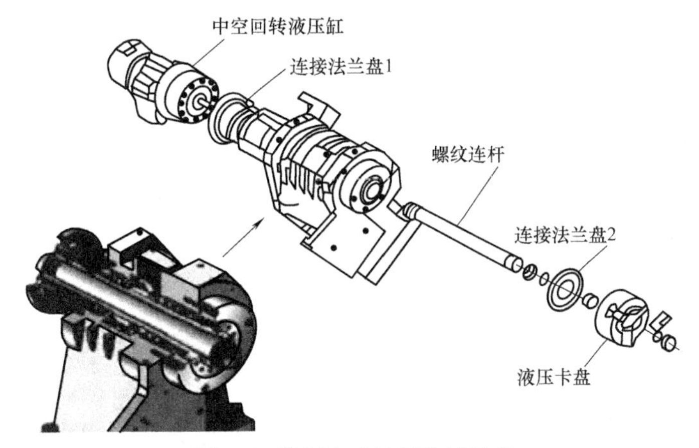

图 4-6　液压卡盘液压装置组成

固定螺钉，用吊环吊住液压卡盘或者用一根长的铁棒插入卡盘中间孔中（防止液压卡盘掉落，出现人身事故），再用橡胶锤均匀敲击把液压卡盘和螺纹连杆一起抽出来。将液压卡盘平放在铣床或镗床平面工作台上，压板压住液压卡盘使其不能转动，最后用软铜皮包住螺纹连杆，用管子钳拆卸下螺纹连杆，将拆卸下来的螺纹连杆和液压卡盘放置在有纸板的地上。

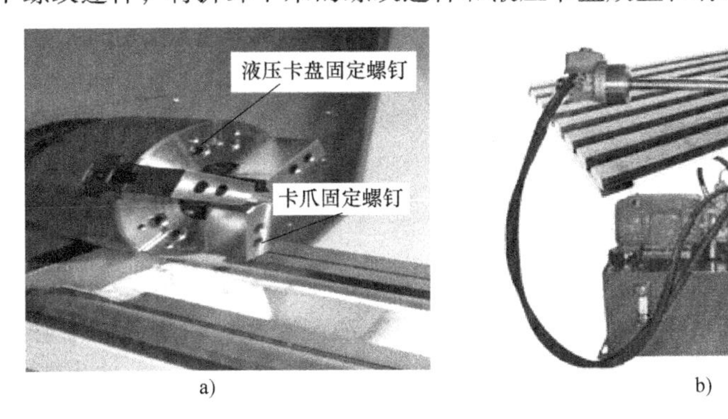

图 4-7　液压卡盘部分

a）液压卡盘　b）液压卡盘与中空回转液压缸连接安放参考图

6. 安置拆卸零件

如图 4-7b 所示，将拆卸下的螺纹连杆、液压卡盘和中空回转液压缸稍微拧紧在一起并放置在木板上。

7. 拆卸液压卡盘夹紧装置的液压阀

沿着中空回转液压缸的进回油管道，找到液压卡盘夹紧系统上的液压阀组，如图 4-8 所示。液压卡盘夹紧装置的液压阀是由两个二位四通电磁换向阀、两个减压阀和压力表组成。将最上面的二位四通电磁换向阀连接管道用扳手取下，将里面接头放置在工具盒三中。按照顺序用内六角

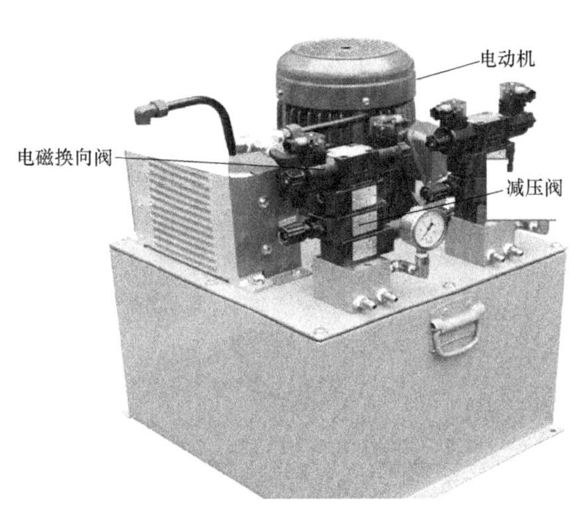

图 4-8　液压站液压组成部分

扳手拧开二位四通电磁换向阀四个固定长内六角螺钉，将其取出，所有叠加阀就可分离，然后用记号笔画一条线，以便方便安装，最后将所有阀用棉布和气枪清理干净放入工具盒三中。

8. 拆卸刀架

按照图 4-9a 所示用螺钉旋具拧开刀架号码牌上面三个螺钉，将其取出放入工具盒四中（如果刀架重量比较大建议用吊环吊住），然后用橡胶锤均匀敲击取下刀架。

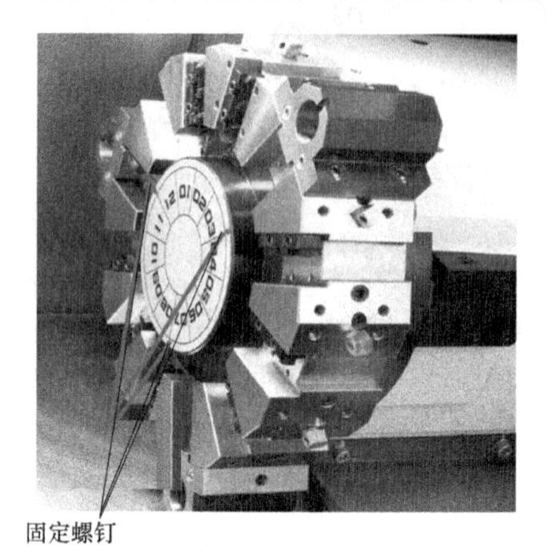

a)

b)

图 4-9　刀架

a）拆卸刀架　b）拆卸刀架叠加阀

9. 拆卸刀架液压装置的液压阀

先用扳手拧开各液压管道接头，将管道油放入一个小盒子里。根据不同管道可以用记号笔写上一号和二号，防止安装时错乱。刀架旋转系统液压阀是由两个单向调速阀和一个三位四通电磁换向阀组成，按照顺序依次拆除，如图 4-9b 所示，用记号笔做好顺序号，用棉布和气枪清理干净放入工具盒三中。

10. 拆卸刀架双向液压马达

如图 4-10a 所示，将刀架后面盖板用螺钉旋具拧开，找到双向液压马达的固定螺钉，如

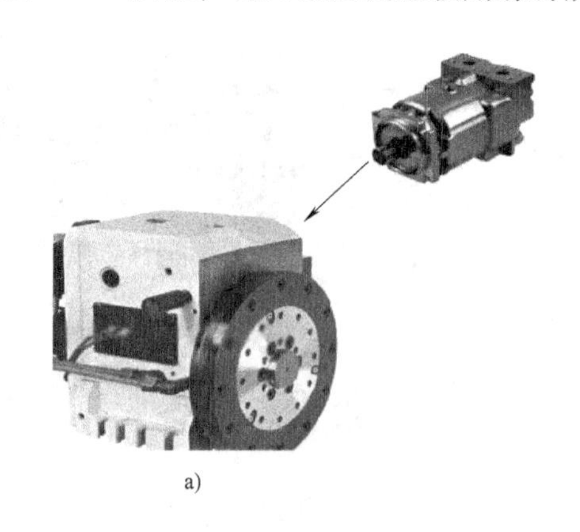

a)

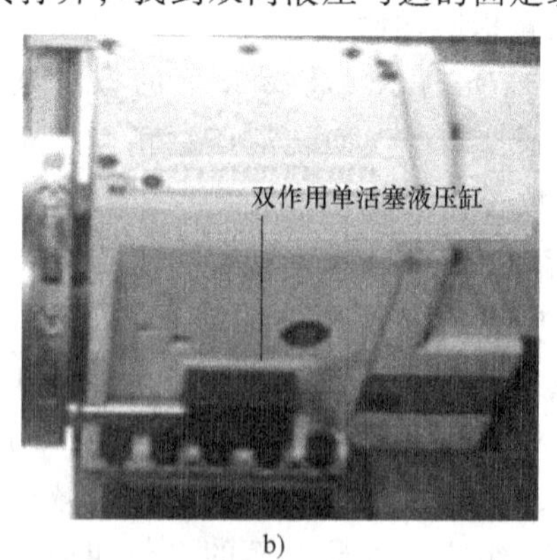

b)

图 4-10　拆卸双向液压马达和液压缸

a）拆卸双向液压马达　b）拆卸液压缸

果光线较暗，可以一人用手电筒照射，一人用内六角扳手拧松固定螺钉；拧松后一人用橡胶锤加铜棒轻轻敲击轴头处，一人在后面双手拖住双向液压马达，最后在取出双向液压马达时注意轴头处的键块容易掉落；将所有拆卸件放入工具盒三中。

11. 拆卸刀架上双作用单活塞液压缸

如图 4-10b 所示，找到双作用单活塞液压缸，将双作用单活塞液压缸的固定螺钉用内六角扳手拧松后取下，然后将双作用单活塞液压缸取下，将所有拆卸部件放入工具盒三中。

12. 拆卸液压尾座的液压阀

如图 4-11a 所示，液压尾座液压装置由单向调速阀、压力表、三位四通电磁换向阀和减压阀组成。找到装在液压站或者车床上的尾座液压叠加阀位置，拆除液压叠加阀油管，并用记号笔做好记号放在工具盒四中；然后拧开液压叠加阀最上面的四个固定螺钉，就可以拆卸下每个液压阀；最后用棉布擦干净，并用气枪吹干净放入工具盒四中。

a)

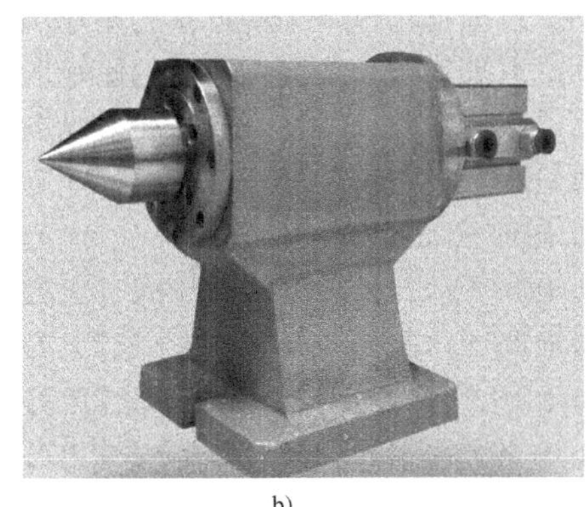

b)

图 4-11　尾座液压装置

a）尾座液压叠加阀　b）尾座

13. 拆卸尾座的液压缸

如图 4-11b 所示，将尾座后面盖板拆除，里面装有一个双作用单活塞液压缸，然后用内六角扳手拧开固定螺钉，取下双作用单活塞液压缸，将其放入工具盒四中。

二、数控车床液压装置装配与调整

1. 清洁液压管道

将液压管道用气枪吹净并用毛刷清通，如图 4-12 所示。将每个管道接头处用工具削平并去毛刺。最后每个液压阀阀口处用棉布擦干净并去污垢。

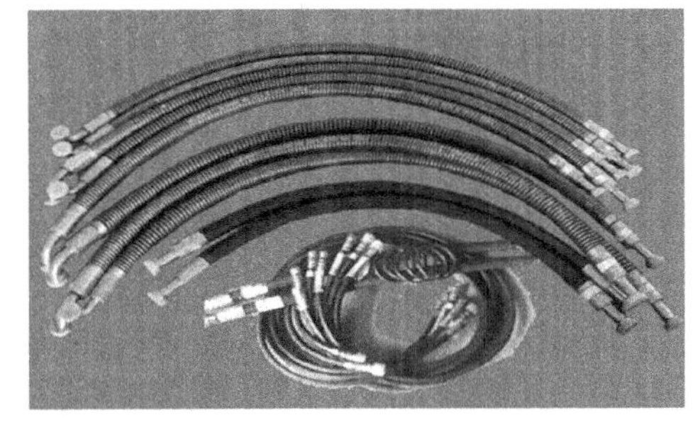

图 4-12　液压管道

2. 装配液压卡盘装置

如图 4-13 所示，灰色线为进油管道，黑色线为回油管道，将拆下的减压阀和二位四通电磁换向阀叠放在一起，安装在母体上，将管道接头涂上密封胶然后拧紧，线路按照图示接法。安装液压阀接口时，一般元件上标有符号 A、B、P、T，进回油口严格按照要求装配，否则接反会造成元件无法正常使用和无动作反应。然后装上压力表，用扭力扳手拧紧液压卡盘和连杆，并且调整好卡盘的跳动和平面度，再把中空回转液压缸拧上去并用橡胶锤均匀敲击使其贴合，最后在连接法兰盘1上拧上固定螺钉。

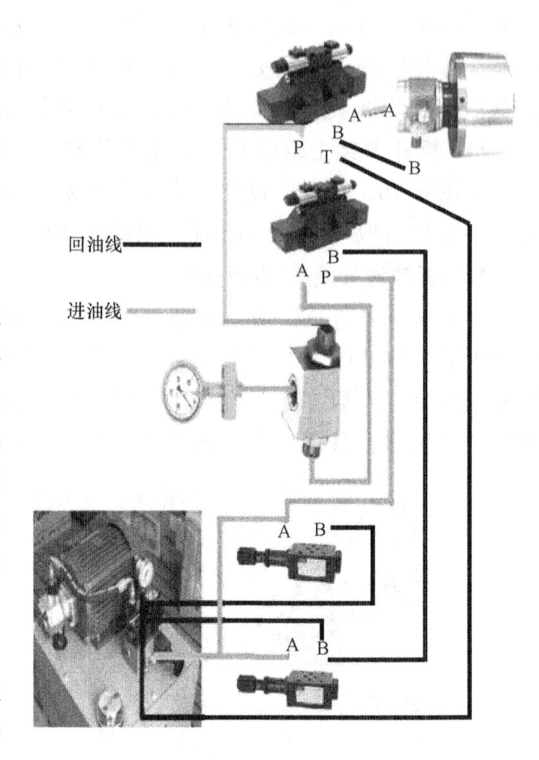

图4-13　液压卡盘装置装配图

3. 装配刀架液压装置

如图4-14a所示，先将双作用单活塞液压缸固定好，再将双作用液压马达固定装好，将拆下的单向调速阀和三位四通电磁阀叠放在一起，安装在母体上，将管道接头涂上密封胶然后和双作用液压马达连接在一起拧紧。双作用单活塞液压缸只要连接一个二位四通电磁换向阀，将其管道涂密封胶拧紧，最后装上刀盘固定好所有螺钉和盖板。

4. 装配尾座液压装置

如图4-14b所示，将拆下的减压阀、三位四通电磁换向阀和单向调速阀叠放在一起，安装在母体上，将管道接头涂上密封胶然后拧紧，再装上压力表固定好，最后再将双作用单活塞液压缸用螺钉固定在尾座上，在连接其管道用扭力扳手适当拧紧。

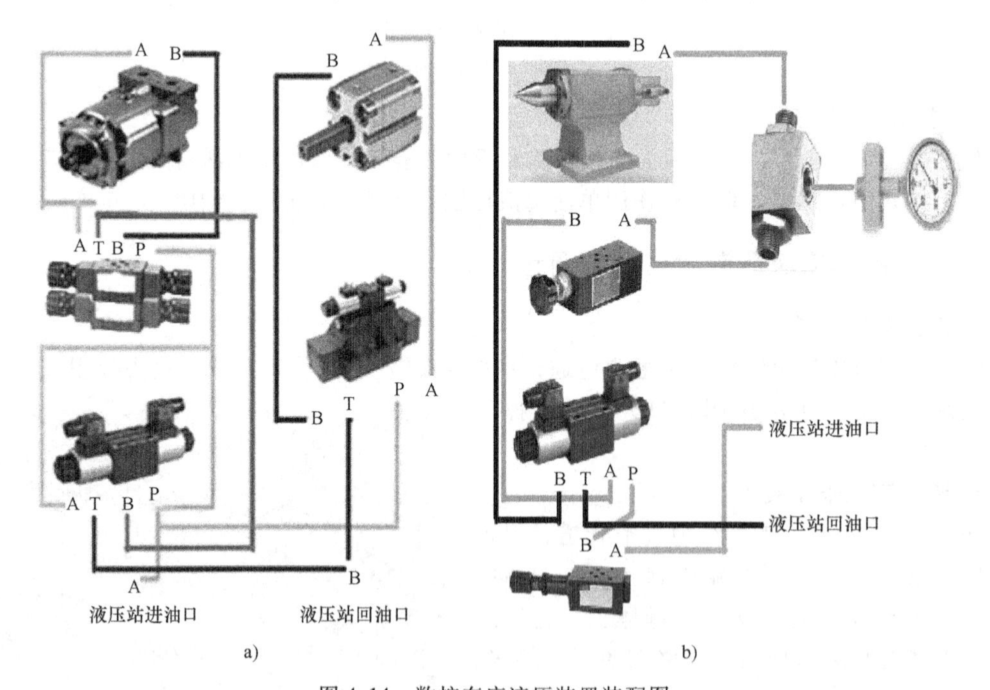

图4-14　数控车床液压装置装配图

a）刀架装置装配图　b）尾座装配图

5. 调整试运行

检查各管道是否连接到位，弯曲度是否适当，检查工具盒中是否有多余零件，清点好每个设备，然后调节每个液压阀，检查电磁换向阀是否全部接上线路，最后从加油口加入指定液压油。如图 4-15 所示，开电源试运行，空载 1h 调试观察有无漏油现象和每个装置动作是否平稳，然后负载运行 2h 观察有无任何异常，无异常调试完毕。

图 4-15　调整试运行

6. 填写装配检测表

表 4-2　装配检测表

序号	检测内容	要求	检测结果
1	测试电动机转向是否符合要求	按照电动机铭牌上规定的转向	
2	试压检验	全面检查,必须保证所有焊缝、接口和密封处无漏油管道无永久变形	
3	液压泵检验	在工作压力下运行,液压站液压泵不能有异常噪声	
4	换向检验	要求换向阀换向灵敏、可靠,无卡滞现象	
5	调速阀检验	单向调速阀调速度量是否平稳可靠	
6	系统过滤检查	调试完毕后,需要检查系统的过滤器	

※ **做一做**

1）请学生根据实际操作的设备，绘制装配图、三维结构图。

2）请学生根据所学的知识，完成整个拆装过程的幻灯片（PPT）。

3）请学生根据所学的内容，自己组织文字详细填写表 4-3。

表 4-3　数控车床液压装置装配工艺卡

<table>
<tr><td colspan="2" rowspan="2">装配工艺卡</td><td>产品型号</td><td></td><td>图号</td><td></td><td rowspan="2">第　页</td></tr>
<tr><td>装配人员</td><td></td><td>内容</td><td></td></tr>
<tr><td>工序号</td><td>工序内容</td><td>技术要求</td><td colspan="2">仪器及工艺装备</td><td colspan="2">图片</td></tr>
<tr><td></td><td></td><td></td><td colspan="2"></td><td colspan="2"></td></tr>
<tr><td></td><td></td><td></td><td colspan="2"></td><td colspan="2"></td></tr>
<tr><td></td><td></td><td></td><td colspan="2"></td><td colspan="2"></td></tr>
<tr><td></td><td></td><td></td><td colspan="2"></td><td colspan="2"></td></tr>
</table>

※ **晒一晒**

请学生把所绘制的图、所做的幻灯片（PPT）、所填写的工艺卡片展示给其他学生，分享成果，晒一晒成功的喜悦。

※ 思一思

请学生根据自己所学、所做、所晒的内容，思考一下自己是否能够独立完成所有内容？

检查评价

对任务实施的完成情况进行检查，并将结果填入表4-4中。

表4-4　数控车床液压装置任务评价表

序号	项目	分值	自我测评	小组测评	教师测评
			得分	得分	得分
1	拆卸	15			
2	装配与调整	15			
3	幻灯片(PPT)	15			
4	工艺卡	15			
5	绘图	15			
6	成果展示	15			
7	安全文明生产	10			
8	合计	100			
9	自我评语				
10	小组评语				
11	教师评语				

问题及防治

在学生进行任务实施实训过程中，时常会遇到如下的问题。

问题：在安装液压管道时，容易出现接错液压阀的进油口和回油口。

后果及原因：这样会导致该液压装置管道无法正常运作，严重时会损坏液压元件和管道接口；产生的原因是学生由于对知识掌握不全面，盲目操作，有些字迹不清元件拆后无法正确判断安装。

防治措施：对于一些字迹模糊液压元件，在拆卸前需用记号笔做好记号，有利于快速完成装配和保证装配质量。

知识拓展

1. 液压装置调试过程中常见故障和排除方法

在调试过程中液压装置经常出现漏油、过热、无动作无压力、噪声较大的情况，下面介绍一些典型的问题和排除方法。

（1）液压装置漏油

原因一：油封或密封圈损坏导致液压缸运作时漏油。

排除方法：拆除液压缸更换密封圈，将油封重新安装，涂上密封胶。

原因二：液压装置的密封表面不良，叠加阀配合过程中有间隙。

排除方法：对问题处重新安装或者更换液压阀。

原因三：液压泵内部所用零件间产生磨损，间隙过大。

排除方法：更换液压泵的内部零件或者更换液压泵。

（2）液压油油温过热

原因一：液压站内由于加油牌号不正确引起油液黏度过高或过低。

排除方法：查询说明书找到正确的液压油牌号，然后更换黏度适合的液压油 。

原因二：液压站内的油液时间长导致变质，吸油时阻力增大。

排除方法：将废旧的液压油排干净，然后更换新的液压油。

原因三：冷却器损坏导致无冷却，长期在高压下运行。

排除方法：更换冷却器，将压力降低。

原因四：液压泵过热，里面零件磨损。

排除方法：修理或者更换新的液压泵。

原因五：在运行时油液循环太快，液压控制元件损坏。

排除方法：找出损坏元件进行更换。

（3）液压装置无动作或压力表无压力

原因一：装配后接线不正确，导致液压泵转向和要求不一样，导致无法吸油。

排除方法：重新接线，纠正转向问题。

原因二：由于液压装置某处漏油导致油箱油位过低 ，无法进行正常的吸油动作。

排除方法：加适当液压油至油标线。

原因三：长时间运转、没有保养和维护导致液压站的吸油管或过滤器堵塞。

排除方法：拆下液压泵清洗吸油管道，清洗液压站上的过滤器，使其畅通。

原因四：液压站上的电动机起动后转速过低 ，导致无法达到规定压力要求。

排除方法：拆下电动机，进行维修或者更换，使转速达到液压泵的最低转速以上。

原因五：液压站内的油液黏度过大，导致无法达到规定的压力和流速。

排除方法：检查液压油，更换黏度适合的液压油。如果是温度问题，可以安装适当加热器提高油温。

（4）液压装置噪声较大

原因一：液压泵的吸油管或连接的过滤器部分堵塞，导致噪声较大。

排除方法：拆下液压泵去除里面的脏物，让液压泵的吸油保持畅通。

原因二：液压泵的吸油端连接处密封不紧，有空气进入，或者安装时吸油位置太高。

排除方法：首先可以在吸油端连接处的地方稍微涂一点油，看声音是否降低，如果降低，则紧固连接件或者更换密封使空气不进入，如果没降低那就降低吸油高度。

原因三：液压泵盖连接螺钉松动。

排除方法：用扳手进行适当拧紧。

原因四：液压泵与联轴器安装问题导致有松动或者咬死。

排除方法：拆下液压泵，重新安装，调整同轴度使其同心，用扳手紧固连接件。

原因五：油箱中油液黏度过高，油中有气泡。

排除方法：更换黏度适当的液压油，提高液压油质量。

原因六：由于陈旧的过滤器吸入口通过油的能力太小导致问题。

排除方法：改用通过能力较大的过滤器。

原因七：泵体腔道内堵塞。

排除方法：清理或更换泵体。

原因八：液压泵里零部件磨损后运转时接触不良，泵内零件损坏。

排除方法：更换损坏零件。

原因九：单向节流阀的阻尼孔被堵塞。

排除方法：拆卸单向节流阀进行清洗。

原因十：管路有振动。

排除方法：采取隔离消振措施或者更换。

2. 数控机床液压装置调试实例

实例 1

故障现象　某装有 FANUC 系统的加工中心安装调试好后，运行换刀，无动作反应。

故障分析　先检查油位是否在标准线，油位正常，无泄漏现象；然后检查电动机，排查下来电动机正常；接下来检查管道，管道正常没有问题；最后发现压力调节阀线圈动作不良，导致压力不够无法动作。

排除方法　更换压力调节阀。

实例 2

故障现象　某外企的一台数控磨床经常从液压部分传出大噪声。

故障分析　根据现场调查，液压部分油污很多，从操作者反映知道机床用了很多年，没有保养过机床。为了快速解决问题，先进行机器管道清洗、维护。在清洗过程中发现由于机器使用年数较长，没有经过很好保养，吸油管有严重堵塞，引起了噪声问题。

排除方法　将吸油处清洁干净。

实例 3

故障现象　配有西门子系统的一台平面磨床出现工作台爬行运行。

故障分析　根据用户反映知道机床年前修过一次好了，然而过了一段时间又出现了这个问题。根据问题检查各个管道是否有漏油的问题，检查下来各管道正常。检查压力是否正常，压力表显示正常，没有问题。观察溢流阀是否堵塞，发现也没有问题。最后叫用户重新加工零件，运行机床看看，这时发现液压缸与滑动部件倾斜，分析由于加工工件重量比较大，切削力比较大，上一次维修液压缸与滑动部件没有调整到位产生问题。

排除方法　将液压缸与滑动部件安装调整正确，加紧紧固螺钉。

实例 4

故障现象　某公司数控车床液压卡盘无法松开工件。

故障分析　根据现场调查下来，管道正常无漏油现象。然后排查控制元件，发现电磁换向阀在接到松刀指令后无动作反应，由此判定是电磁换向阀出现问题。然后根据技术要求分析导致电磁换向阀不换向原因有 7 个，分别为换向阀的滑阀卡死、阀体变形、中间位置的弹

簧损坏、进油压力不够、电磁铁线圈烧坏或者电磁铁推力不足、电气线路故障、油路被堵塞，根据上述原因开始排查，最后发现是电磁铁线圈烧坏。

排除方法　重新绕线圈或者更换电磁换向阀。

实例 5

故障现象　一台配有 GSK 系统的数控车床液压刀架加工时振动。

故障分析　根据用户反映，这台数控车床为了增加生产效益，自行改造了车床刀架部分，应用了液压进给控制 Z 轴，加大切削力，防止车削时闷车。但一直出现一个问题就是在车工件时，刀架总有振动和冲击声。根据问题进行分析，发现从液压站出来油直接通过一个三位五通电磁换向阀，然后根据调速阀进行调速，油道中没有进行减压，所以导致压力过大造成液压缸伸缩时的冲击力，如图 4-16 所示。

排除方法　在三位五通电磁换向阀的进油口增加一个减压阀。

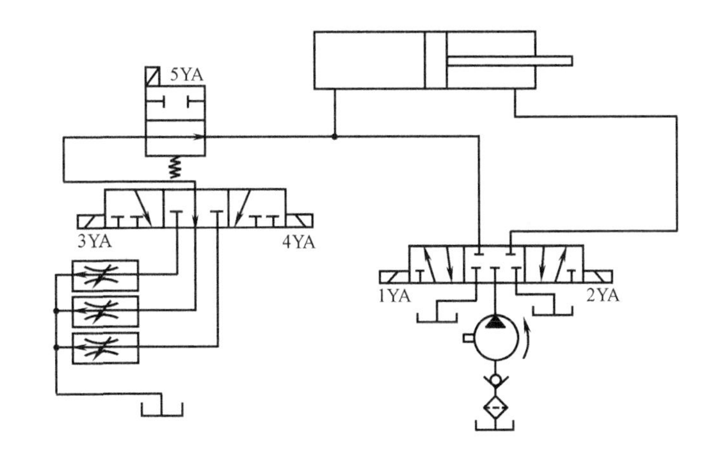

图 4-16　数控车床液压刀架装置工作原理图

【思考与练习】

一、填空题

1. 液压管道排列应尽量采用______或______布管，平行或交叉的管系之间应有______以上的空隙。

2. 液压卡盘液压夹紧装置由______、______、______等组成，刀架的液压装置由______、______、______等组成，尾座的液压装置由______、______、______等组成。

3. 双作用单活塞液压缸能做______运动。双作用液压马达能做______运动。

4. 减压阀能起到______作用，调节阀能起到______作用，先导式电磁换向阀能起到______作用。

5. 当液压站的油箱里面的油没有到达指定吸油刻度线时，数控机床会产生______和______故障现象。

6. 数控机床液压装置漏油有______、______、______等原因造成的，应该分别用______、______、______等方法排出故障。

二、选择题

1. 数控车床的液压回转刀架是由（　　）控制旋转的。

A. 液压泵　　B. 双作用液压马达　　C. 双作用单活塞液压缸

2. 在数控车床液压装置中，为了保证液压卡盘在夹紧工件情况下，做到不损坏工件，采用（　　）进行液压油控制。

A. 电磁换向阀　　B. 单向阀　　C. 减压阀

3. 本项目中数控车床液压夹紧系统中的电磁换向阀是（　　）。

A. 二位二通　　B. 二位四通　　C. 三位五通

4. 三位四通电磁换向阀有（　　）个接口。

A. 2　　B. 3　　C. 4

5. 下面不属于液压油温过热的原因是（　　）。

A. 加油牌号不正确　B. 管路有振动　　C. 油液长时间导致变质

6. 液压装置中的动力元件是（　　）。

A. 液压马达　　B. 液压缸　　C. 液压泵

7. 液压装置中的执行元件是（　　）。

A. 液压油　　B. 减压阀　　C. 液压缸和液压马达

8. 液压缸是将液压泵输出的压力能转换为机械能的元件，其主要输出（　　）运动。

A. 旋转　　B. 曲线　　C. 直线和摆动

9. 在液压装置中（　　）可以进行自吸液压油，然后再进行输出液压油。

A. 液压马达　　B. 液压缸　　C. 液压泵

10. 液压装置中的控制元件是（　　）。

A. 液压缸　　B. 液压泵　　C. 各类阀元件

11. 下列（　　）不能用数控车床液压控制。

A. 尾座　　B. 刀架　　C. PLC

三、判断题（正确的画“√”，错误的画“×”）

1.（　　）管子的弯管半径取小值，其最小弯管半径约为硬管外径的2.5倍。

2.（　　）避免扭曲软管。如果安装时发生软管扭曲，软管承压力会增大。

3.（　　）确定泵和各种阀以及指示仪表等的安装位置时，应注意使用及维修的方便。

4.（　　）安装时如果阀及某些连接件购置不到时，可以代用，但应相适应和通用，一般油耗量不得大于技术性能内所规定的40%。

5.（　　）更换或过滤液压油，注意在向油箱加入新油时不需要经过过滤和去水分。

6.（　　）由于液压系统某处漏油导致油箱油位过低、液压装置无动作或压力表无压力。

7.（　　）液压站内的油液时间长导致变质，吸油时阻力减少。

8.（　　）流体经过一个90°的弯曲管的压降比经过两个45°的弯曲管要小。

9.（　　）钢管轴线与接头体锥面轴线必须同轴，如果不同轴，强行将管子扳到位。

10.（　　）液压泵的安装入口、出口和旋转方向，一般在泵上均标明，不得反接。

11.（　　）调试液压泵，在工作压力下运行，液压泵不能有异常噪声。

12.（　　）液压系统油封或密封圈损坏导致液压缸运作时漏油。

13.（　　）液压泵的吸油端连接处密封不紧，有空气进入，或者安装时吸油位置太高，造成液压装置噪声较小。

项目二　数控机床气压装置装配与调整

知识目标： 1. 掌握立式加工中心气压装置装配与调整。
2. 掌握数控机床气压装置工作原理图和装配注意事项。
3. 掌握数控机床气压装置的维护保养和维修排故基础知识。

技能目标： 1. 能对立式加工中心气压装置进行拆卸。
2. 能对立式加工中心气压装置进行装配与调整。

素质目标： 1. 养成独立思考和动手操作的习惯。
2. 培养小组协调能力和互相学习的精神。

工作任务

本任务要求对立式加工中心气压装置进行拆卸和装配与调整，计划步骤见表4-4。

表4-4　立式加工中心气压装置进行拆卸和装配与调整计划步骤

序　号	步　骤	序　号	步　骤
1	立式加工中心气压装置拆卸	3	成果展示
2	立式加工中心气压装置装配与调整	4	评价

相关理论

一、立式加工中心气压装置的结构识图和工作原理

识图首先要分几个模块来进行，这样能让思路清晰和减少错误判断。

1）模块一识图。如图4-17所示，左边有气源1，向右为分水排水器，依次向右为减压阀、气压表和油雾器，上述几个气压元件也称为气压三联件。气体通过三联件进行过滤和减压。进入气缸的气体要求是没有水分和杂物。因为压缩空气中通常都含有水分，过多的油分和粉尘等杂质，水分会使管道、阀和气缸腐蚀，油分过多会使橡胶、塑料和密封材料变质，粉尘造成阀体动作失灵。将ISO VG32标准的专业润滑油加入油雾器，进行雾化并注入空气流中，随压缩空气流入需要润滑的部位，达到润滑的目的。

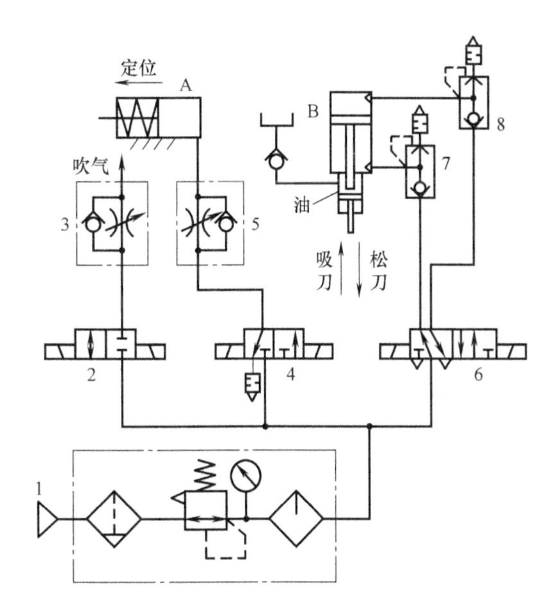

图4-17　立式加工中心气压装置工作原理图
1—气源　2、4、6—电磁换向阀　7、8—梭阀
3、5—单向节流阀
A—双作用单活塞气缸　B—增压打刀气缸

2）模块二识图。如图4-17所示，有二位二通电磁换向阀2、二位三通电磁换向阀4、单向节流阀3、5、一个依靠弹簧复位的

双作用单活塞气缸 A。刀库依靠电动机旋转到程序指定刀号，二位三通电磁换向阀通电控制气缸移动到主轴下，主轴下降吸住刀柄，二位三通电磁换向阀断电使气缸带动刀库回退，完成抓刀动作。二位二通电磁换向阀通电进气，通过单向节流阀在主轴抓刀时进行吹铁屑等杂物操作。

3）模块三识图。如图 4-17 所示，由二位五通电磁换向阀 6，梭阀 7、8，增压打刀气缸 B 组成。由二位五通电磁换向阀通电进气，通过梭阀进入增压打刀气缸上腔，增压打刀气缸中增压腔的高压油使活塞伸出，实现主轴松刀功能。二位五通电磁换向阀断电，梭阀进行控制排气，增压打刀气缸活塞回退，实现主轴吸刀功能。

二、数控机床真空吸盘回路的识图和工作原理

在数控机床上，对于加工质量轻、薄壁零件，用通用夹具难装夹并且易变形，经常使用到气动真空吸盘吸附加工。真空吸盘经常用于数控车和立式加工中心数控磨床中。下面介绍一种用三位三通电磁换向阀控制的真空吸盘，其结构简单，运用和装配调试方便，如图 4-18 所示。

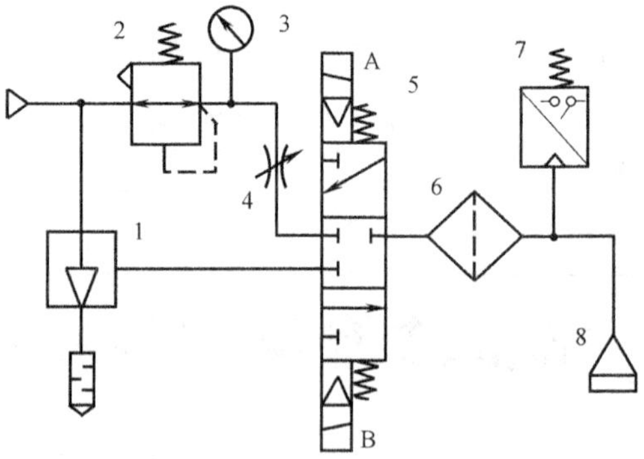

如图 4-18 所示，从左边的气源开始进气，通过减压阀和节流阀进行调节压力和流量，通入三位三通电磁换向阀的进气口。另一条回路是通过真空发生器进入电磁换向阀。然后在电磁换向阀电磁 A 通电状态下通过过滤器过滤气体，最后通过真空开关让真空吸盘和真空发生器接通，吸盘将工件吸住实现工件夹紧。

图 4-18　真空吸盘回路工作原理图

1—真空发生器　2—减压阀　3—压力表

4—节流阀　5—三位三通电磁换向阀

6—过滤器　7—真空开关　8—真空吸盘

当电磁换向阀不通电时，真空状态依然保持，吸住工件。当三位三通电磁换向阀电磁 B 通电时，压缩的空气将会进入真空吸盘里面，真空状态将会被破坏，气压的吹气力量使工件和真空吸盘分离，实现松开工件。

三、气压装置装配过程注意事项

（1）气管和气管接头　安装时应根据气动元件对气体流量和安装方式的不同要求，使用适配气管和气管接头，在系统中的气管接头和连接器的使用数量不宜太多。接气管前应吹净或清洁掉管内的金属屑、灰尘、油污，接气管与管接头和气动元件时不能将灰尘和油污等及密封带的碎屑或粘结剂混入。气管在安装时，用活扳手紧固，用力应适当，不然会爆裂，损坏气动元件、伤人或造成密封性能不良。要严格按照要求来安装，在用密封生料带缠绕时，留出 1.5 ~2 螺距螺纹。在往单触式管接头上连接气管时，应把气管的管头端面用锋利的刀或专用切管器切成垂直的平面，然后往管接头内装入气管，用力适当，推到气管的切过平面处，通过管接头密封圈到达管接头的尽头，再进去为止，不得在稍遇阻力时就停止，以免插不到头造成泄露。气管连接好，气管就会被销紧爪销住不会脱落，并被密封圈密封住。在拆气管时按住气管使销紧爪完全松开，抽出气管。

（2）节流阀　节流阀在安装之前，必须仔细地清除阀门在使用前所累积的灰尘，在安装过程中也要保持清洁。因为灰尘会使阀座和内件损坏。节流阀安装时，阀体上的箭头应与介质流向一致。节流阀是精密元件，如果它们受到管道变形的应力，将无法正常工作。因此，气管安装应垂直并且位置准确以避免管道的变形，而且管道要适当支撑或拉直，以防止它在其他重量作用下发生弯曲变形。

（3）分水排水器　安装时应该根据气动系统对气源质量、压力、流量、安装方式、排水方式的不同，选择适合的分水排水器。安装时应垂直安装，水杯朝下，阀体上箭头为压缩空气的流向。

（4）油雾器　安装时应根据气动系统的使用压力和流量选用油雾器。安装时应注意阀体上箭头的方向与系统空气流向一致。使用时加装规定的润滑油，并按需要调节滴油量。加注润滑油时一般应停气。

（5）换向阀　安装时应根据换向阀所控制负载的工作压力、流量，工作环境，控制方式，安装方式，动作方式，供电电压，功率，接线方式等选用。电磁线圈应固定牢固，不应朝下。使用中要经常检查换向阀动作是否正常；是否污损、漏气，有无异常的声响；特别是交流电磁阀是否有嗡嗡的交流声（电压低，内部污损所致）。电磁线圈使用中发热是正常现象，只要温升不超过阀的规定值就能正常使用，发现问题应该及时更换新换向阀。

（6）减压阀　安装时应根据气动系统对流量、进口压力、出口压力的不同选用相应的减压阀。安装时减压阀的旋钮可朝上或朝下。阀体上的箭头为压缩空气的流向。使用中应确认进口压力高于出口压力，并定期检查是否漏气及压力调节、压力表指示是否正常。

（7）气缸　安装时应根据推动负载所需要的力、速度（一般在 50～500mm/s 之间），气缸输出力及损耗系数，选择使用压力和缸径，并根据工作条件选择气缸的类型和安装方式。气缸的使用温度一般在 5～60℃，超出该范围应特殊订货。安装时应将气缸固定牢固，活塞不应承受径向力和偏心力。使用时应经常检查固定是否牢固，进排气口、活塞杆密封处是否漏气，活塞杆有无划伤、生锈、变形，气缸动作是否异常、缓冲调节是否合适等。需要调速的气缸应加装调整节流阀。如果有磁性开关，要按使用要求调整磁性开关。

四、气压装置维护保养

数控机床气压装置每日维护保养时，要检查气压柜中分水排水器和油雾器，如图 4-19 所示。拆水杯分离出来的水每周进行排放，使用中要经常检查是否漏气，滤芯是否被堵死；使用手排水时每星期至少放水一次。拆卸水杯及护罩时应在无气压时操作，安装到位后方可通气。

补充润滑油时，要检查油雾器中油的质量和滴油量是否符合要求，并按要求加入适当牌号的

a)

b)

图 4-19　日常检查

a）分水排水器　b）油雾器

油。要定期检查油杯及油窗是否有裂纹、漏气等现象，发现问题应及时更换损坏部件。

气动元件检查的主要内容有管接头或连接螺钉是否松动，电磁换向阀是否正常工作等。

每周和每季度检查气压管道接口处是否有泄漏现象，紧固松动的接口；检查消音排气塞排除气体质量，是否有堵住，如有问题及时维修和更换；检查气缸动作是否灵活；节流阀适当调节下，观察气流量是否正常；检查压力表指针是否正常工作等。

任务实施

一、立式加工中心气压装置拆卸

学习立式加工中心气压装置拆卸和装配，根据每一步要求，严格按照安全标准动作拆装。拆卸时切勿少步骤，如少步骤会影响到后续安装。随时将拆卸步骤记录下来，工具归放整齐。一个良好的拆卸思路，能大幅度提高装配速度。

1. 关闭气源和电源

空压站是气动系统的供气源。如图 4-20 所示，由一台螺杆式空压机压气，通过气罐储气，最后由冷冻式干燥机排除水分，经过三级过滤器过滤气体。一般加工中心主要气源来自于空压站或者空压机。空压机用于少数机器供气，空压站则可以给大量机器供气。所以在拆卸加工中心气压装置时先要关掉供气源，一般可以不关空压站或空压机，直接取下接气接头即可，然后关闭电源。

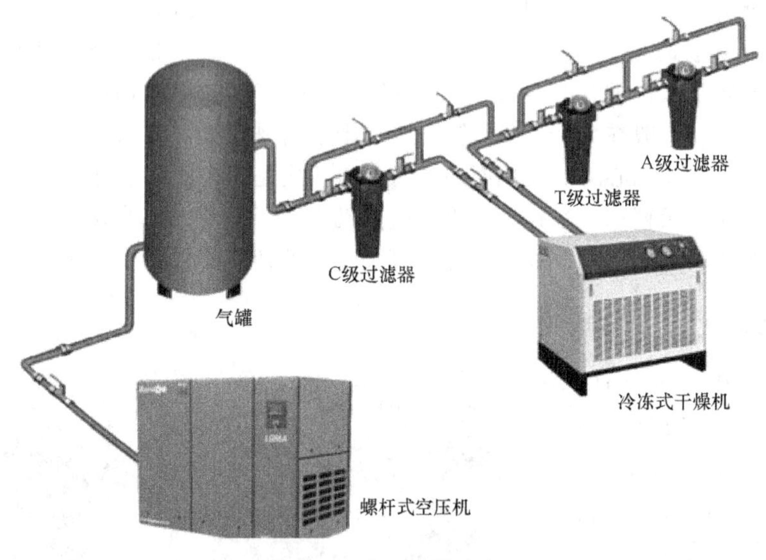

图 4-20　空压站的组成

2. 拆卸立式加工中心气压柜

立式加工中心气压柜结构，如图 4-21 所示。首先气体由进气口进入分水排水器，分离气体中水分杂质，然后通过减压阀进行减压，接着通过油雾器进行油雾润滑，这三个元件也称为三联件。通过三联件部分气体通向立式加工中心的刀库气压部分、主轴夹紧气压部分、刀柄清洁吹气气压部分、夹紧工装气压部分、气枪气压部分等回路。拆卸时，先将三联件拆卸下来，用扳手拧开接口，然后将各部分抽离后放在工具盒一中，归放整齐。

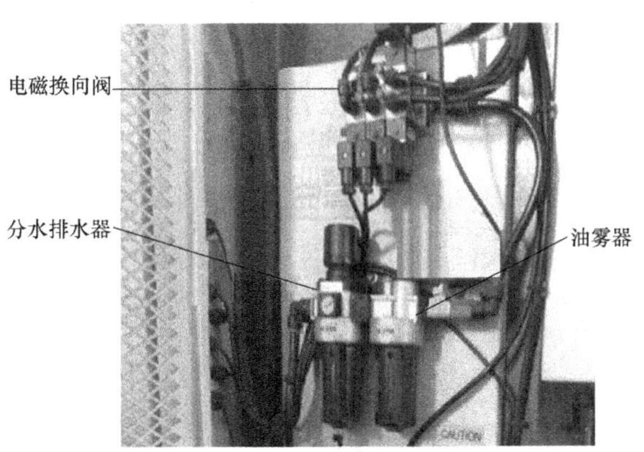

图 4-21　立式加工中心气压柜结构

双作用单活塞气缸
行程开关

图 4-22　刀库气压装置

3. 拆卸刀库气压装置

将立式加工中心刀库外部防护面板拆卸下，如图 4-22 所示。先顺着刀库上气缸的气管找到气压柜中的二位三通电磁换向阀，然后用扳手取下换向阀放入一个工具盒二中。接着顺着气管找到单向节流阀，用扳手拧松取下单向节流阀放入工具盒二中。最后拆卸刀库上气缸时注意，有行程开关的用记号笔做好记号，用游标卡尺测量好与行程开关距离，并用本子记录下数据，因为气缸移动量是有严格要求的。否则气缸带动刀库移动到错误位置，刀库上加持刀具的中心位置和主轴中心位置不同，主轴下降取刀将发生撞刀事故。将刀库上气缸的固定螺钉拧松取下，将气缸等元件取下放入工具盒二中。

4. 拆卸主轴吹气系统

拆卸立式加工中心机床主轴吹气系统时，先要掌握不同主轴吹气系统结构。图 4-17 所示吹气系统通过图 4-23 所示旋转缸吹气，松刀时吹气装置的电磁换向阀控制进气向内部会吹气。所以拆卸前首先将主轴罩的外壳用螺钉旋具拆卸下来，找到旋转缸出进气气管，用扳手拧松，顺着气管找到气压柜中的电磁换向阀，将电磁换向阀拆卸下来后放入工具盒三中。

5. 拆卸主轴气压装置

立式加工中心主轴气压部分，如图 4-24 所示。在拆增压打刀气缸之前用记号笔做好记

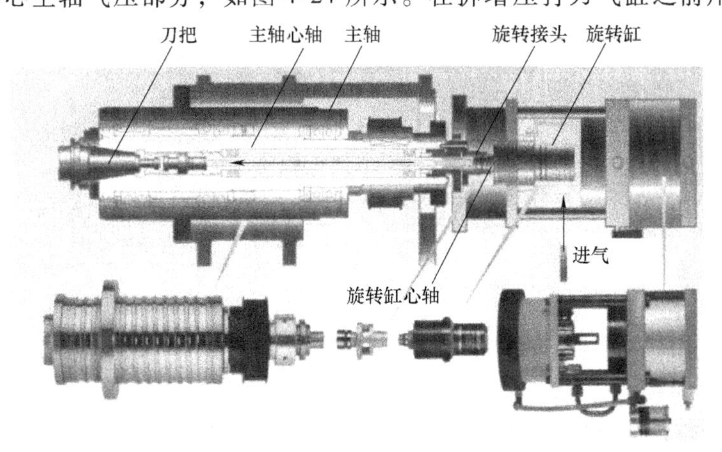

图 4-23　加工中心主轴吹气系统

号，因为边上有 2 个行程开关控制活塞伸出距离，用游标卡尺量好距离，记录好后拆卸增压打刀气缸固定螺钉，然后取下增压打刀气缸倒放在桌子上，如图 4-24b 所示。用扳手将电磁换向阀拆卸下来，然后用扳手拆卸梭阀，把控制阀件放入工具盒四中。

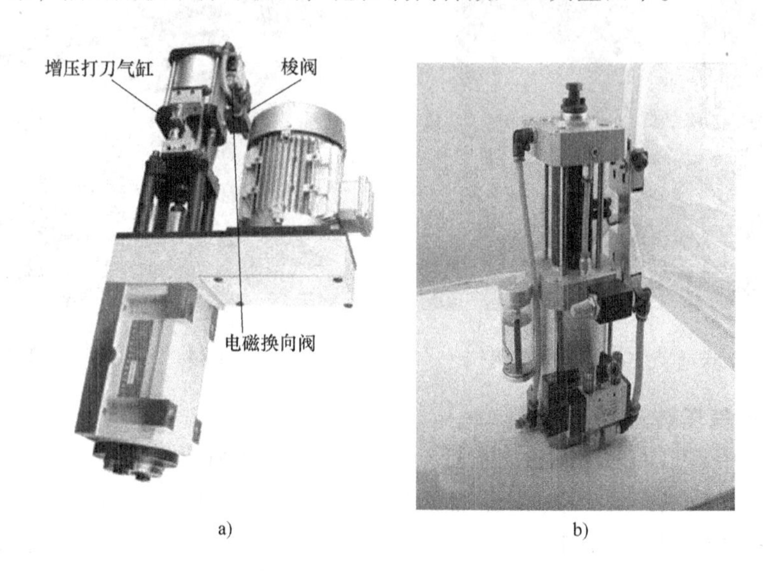

a)　　b)

图 4-24　加工中心主轴气压装置

a）立式加工中心主轴气压部分　b）增压打刀气缸

二、立式加工中心气压装置装配与调整

1. 前期准备

1）工、量具准备

2）本任务要求掌握立式加工中心气压装置的装配技能，根据国家标准要求对设备进行装配与调整，并且记录好检测表，见表 4-5。

表 4-5　检测表

序号	检测内容	要求	检测结果
1	气压管接头处是否有漏气声	无任何漏气声	
2	刀库移动是否正常	移动平稳、正常、速度适中	
3	主轴换刀时有无吹气	换刀时能听到刀柄处有吹气声	
4	电磁换向阀和消音排气塞检验	要求换向阀换向灵敏、可靠、无卡滞现象，消音排气塞正常排气	
5	节流阀检验	节流阀调节流量平稳可靠	
6	系统过滤检查	没有异常反应，几天后有杂物排出	
7	空载运行	运行 1h 没有故障	
8	负载运行	运行 2h 没有故障	

2. 清洗各部分

将各类阀进行清洗擦拭，除去阀口处污垢。零部件用煤油清洗。管道接口清除污垢后用刀具切平并去毛刺，如图 4-25 所示。

3. 安装刀库气压装置

安装刀库时先把双作用单活塞气缸固定在刀架上，稍微拧紧行程开关，调节行程开关距离，按照拆卸前记录数据调整，最后用固定螺钉栓紧。其次安装单向节流阀，根据图 4-26 所示接好管道，固定好螺钉，然后接上电磁换向阀，下面接上排气的消音塞。接下来依次连接主轴边上的吹气用的电磁换向阀和单向节流阀。严格按照线路，千万不要接错进出口的方法，否则发生事故。一般情况各类阀件上都有标明 A、B、P、T、O、L 等接气符号，一般情况压缩空气进气口符号是 P，阀与系统回气路连接的回气口符号是 T 或者 O，符号 A 和 B 是阀与执行元件连接的工作气口，特殊接法除外。

图 4-25　管道接口

4. 装配主轴气压装置

将拆掉的增压打刀气缸擦净按原位安装上。调整好行程开关的距离，用游标卡尺测量其间距和拆卸前是否一样，然后固定好螺钉。再将电磁换向阀和梭阀依次固定在增压打刀气缸的支架上，并按照图 4-27 所示接线，仔细观察标牌上的进气口和回气口符号接上接头，接头螺纹处用密封生料带包好后用扳手拧紧，排气处安装上消音塞，最后检查各个部位有无多余零件剩余。

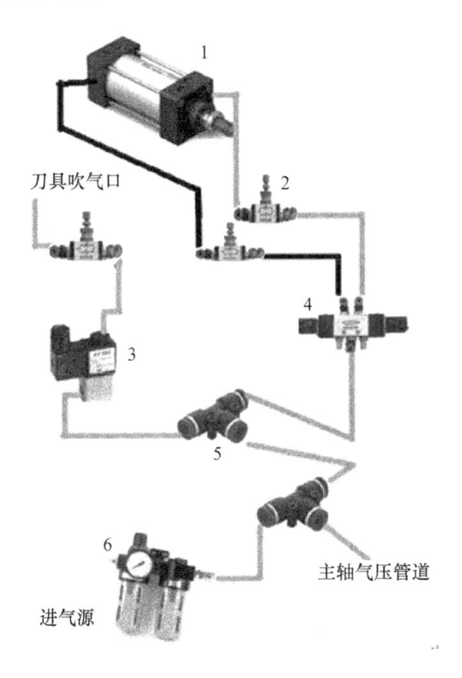

图 4-26　刀库气压装置装配图

1—双作用单活塞气缸　2—单向节流阀

3、4—电磁换向阀　5—三通

6—三联件

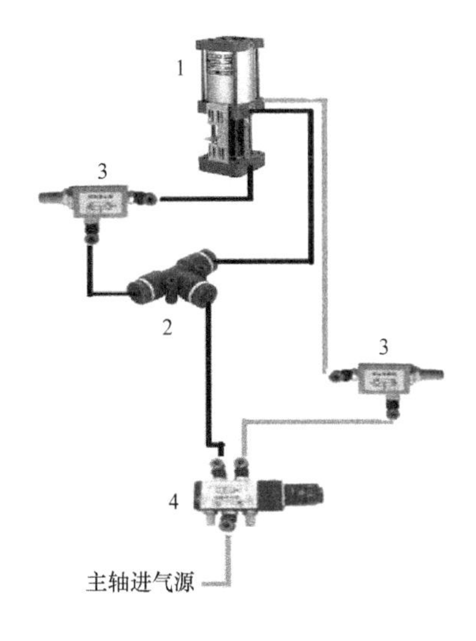

图 4-27　主轴气压装置装配图

1—增压打刀气缸　2—三通　3—梭阀

4—电磁换向阀

5. 调试立式加工中心气压装置

调试前将立式加工中心气压柜的三联件接好，接口处密封好后接上气源，调整好进气的压力不低于规定的技术要求，并调整好每个单向节流阀。接上电磁阀电线，开启电源检查每个管道是否有漏气现象，接下在主轴上进行吸刀和松刀测试，测试是否能正常吸刀和松刀。在测试前可以将主轴下降至工作面一定距离，然后进行吸刀，检查下是否吸住刀柄。再测试松刀，按下机床上松刀按钮后检查是否能正常能取下刀柄。进行刀库换刀功能检查，可以编一个单段单步运行换刀程序，当气缸移动位置和刀具中心不垂直时，停止换刀，调整行程开关。经过几次换刀调试无故障后，可以将刀库和主轴外罩装上。

空载运行 1h，观察温度、压力、流量等变化情况，如果发现问题应该立即停止工作进行维修。最后进行负载运行加工工件，运行 2h 各方面没有问题就是调试完毕。

※ 做一做

1）请学生根据实际操作的设备，绘制装配图、三维结构图。

2）请学生根据所学的知识，完成整个拆装过程的幻灯片（PPT）。

3）请学生根据所学的内容，自己组织文字详细填写表 4-6。

表 4-6 立式加工中心气压装置装配工艺卡

<table>
<tr><td colspan="2" rowspan="2">装配工艺卡</td><td>产品型号</td><td></td><td>图号</td><td></td><td rowspan="2">第 页</td></tr>
<tr><td>装配人员</td><td></td><td>内容</td><td></td></tr>
<tr><td>工序号</td><td>工序内容</td><td>技术要求</td><td colspan="2">仪器及工艺装备</td><td colspan="2">图片</td></tr>
<tr><td></td><td></td><td></td><td colspan="2"></td><td colspan="2"></td></tr>
<tr><td></td><td></td><td></td><td colspan="2"></td><td colspan="2"></td></tr>
<tr><td></td><td></td><td></td><td colspan="2"></td><td colspan="2"></td></tr>
</table>

※ 晒一晒

请学生把所绘制的图、所做的幻灯片（PPT）、所填写的工艺卡片展示给其他学生，分享成果，晒一晒成功的喜悦。

※ 思一思

请学生根据自己所学、所做、所晒的内容，思考一下自己是否能够独立完成所有内容？

检查评价

对任务实施的完成情况进行检查，并将结果填入表 4-7 中。

表 4-7 立式加工中心气压装置任务评价表

序号	项目	分值	自我测评	小组测评	教师测评
			得分	得分	得分
1	拆卸	15			
2	检测与调整	15			
3	幻灯片(PPT)	15			
4	工艺卡	15			
5	绘图	15			
6	成果展示	15			
7	安全文明生产	10			
8	合计	100			
9	自我评语				
10	小组评语				
11	教师评语				

问题及防治

在学生进行任务实施实训过程中，时常会遇到如下的问题。

问题：在安装电磁换向阀时忘记安装消音排气塞。

后果：这会导致排气时产生很大噪声，由于气压充气作用力缘故，对电磁换向阀周边器材管道造成冲击。

防治措施：安装时需要仔细，检查有无遗漏部件，时刻做好笔记和记录，最后综合检查。

知识拓展

数控机床气压装置在调试过程中经常会遇到各种故障，所以必须掌握一些排除故障的方法。

1. 外部检查法和故障分析法

外部检查法是询问机床使用相关人员机床发生故障情况，然后通过外部气压元件动作运行是否灵活，声音、温度、气压表指数是否在技术要求内，分析出故障的原因。外部检查法是最快找出故障原因的方法。外部检查法需要多加训练，并且要掌握维修经验和一些必要气压基础知识。

故障分析法是外部检查无法发现故障原因，根据该故障问题查阅资料，找出固定产生故障的几个原因，然后通过排除找出最终故障原因。

2. 常见调试故障分析排除实例

实例 1 某配备西门子系统的卧式加工中心的刀具换刀动作缓慢。

故障分析 用外部检查法发现是其刀库气缸问题，气缸的输出力不足和动作不平稳。考虑气缸故障是因活塞或活塞杆被卡住、润滑不良、供气量不足或缸内有冷凝水和杂质等原因造成的。对此检查活塞杆的中心正常；油雾器的工作正常，供气管路被堵塞。

排除方法 去除里面杂物。

实例 2 FANUC 数控车床气动换挡变速时，变速气缸不动作，无法变速。

故障分析 查阅技术要求和说明书可知，变速气缸不动作的原因有：①系统压力太低或流量不足；②气动换向阀未得电或有故障；③变速气缸有故障。根据分析，首先检查系统的压力，压力表显示气压为0.6MPa，压力正常；检查换向阀电磁铁已带电，手动换向阀，变速气缸动作，故判定气动换向阀有故障。

排除方法 拆下气动换向阀，检查发现有污物卡住阀芯，进行清洗后，重新装好。

实例 3 GSK 系统立式加工中心换刀时，刀具装上去后，圆跳动大，导致加工零件报废。

故障分析 用外部检查法检查吸刀处，发现吸刀松刀正常。但根据用户反映，每次刀具取下后刀柄处都有水分和杂物，由此分析产生故障的原因是压缩空气中含有水分。

排除方法 如采用空气干燥机，使用干燥后的压缩空气，问题即可解决。若受条件限制，没有空气干燥机，也可在主轴锥孔吹气的管路上进行两次分水过滤，设置自动放水装置，并对气路中相关零件进行防锈处理。

实例 4 某国产气动主轴的铣床换刀时，主轴松刀动作缓慢。

故障分析 查阅技术要求和说明书可知主轴松刀动作缓慢的原因有：①系统压力太低或流量不足；②机床主轴松刀系统有故障，如碟形弹簧破损等；③主轴松刀气缸有故障。根据分析，首先检查系统的压力，压力表显示气压为0.6MPa，压力正常。将机床操作转为手动，手动控制主轴松刀，发现系统压力下降明显，气缸的活塞杆缓慢伸出，故判定气缸内部漏气。拆下气缸，打开端盖，压出活塞和活塞环，发现密封环破损，气缸内壁拉毛。

排除方法 更换新的气缸。

实例 5 配有华中数控系统的立式加工中心气压柜经常有漏气声。

故障分析 根据调查，用户反映在加工时经常从气压柜里面传出一个减压阀漏气声，他们更换后还有漏气声。用外部检查法排查发现，减压阀接口处密封没有问题，最后拆下来分析时发现是进出口方向接反了，导致减压阀不能正常工作。

排除方法 将减压阀进出口接正确。

【思考与练习】

一、填空题

1. 安装时应根据气动系统的气动元件对______和______的不同要求，使用适配气管和气管接头。

2. 立式加工中心气压装置是通过______来加紧和松开刀具。

3. 气动元件上符号 P 指______口，符号 R 指______口，符号 S 指______口，符号 A 指______口，符号 B 指______接口。

4. 数控机床气压装置每日主要维护______、______、______。

5. 气压装置调试过程中主要有______和______两种排除故障方法。

6. 数控车床气压装置中气动卡盘是依靠______动力来夹紧工件的。

二、选择题

1. 数控机床（　　）是输出压力低于输入压力，并保持输出压力稳定的压力控制元件。

A. 电磁换向阀　　　　B. 节流阀　　　　C. 减压阀

2. 气动元件中（　　）只允许气流沿一个方向流动而不能反向流动。

A. 单向阀　　B. 调速阀　　C. 双作用活塞气缸

3. 图标是（　　）气压元件符号。

A. 二位二通电磁换向阀　　B. 减压阀　　C. 三位五通电磁换向阀

4. 数控车床中吸住工件的是（　　）装置。

A. 液压卡盘　　B. 真空吸盘　　C. 气压平口虎钳

5. 图标是（　　）气压元件符号。

A. 油雾器　　B. 单作用单活塞气缸　　C. 双作用单活塞气缸

6. 三联件中能起到油雾润滑作用是（　　）。

A. 分水排水器　　B. 减压阀　　C. 油雾器

7. 如果气缸的活塞杆中心不在气缸中心，会产生（　　）的故障。

A. 快速移动　　B. 动作缓慢和无动作　　C. 气缸发热

8. 立式加工中心圆盘式气动刀库是依靠（　　）来更换刀具的。

A. 移动　　B. 旋转　　C. 交换

9. 气动主轴吸刀的压力过大会产生刀柄（　　）问题。

A. 无法松开　　B. 方便松开　　C. 升温

10. 图标是（　　）气压元件符号。

A. 调速阀　　B. 二位二通换向阀　　C. 减压阀

三、判断题（正确的画“√”，错误的画“×”）

1.（　　）气动系统压力太低或流量不足不会造成主轴松刀动作缓慢。

2.（　　）电磁换向阀通电时控制进气，断电后控制回气后排气。

3.（　　）接头和气管连接时，在稍遇阻力时就停止。

4.（　　）电磁线圈使用中发热是不正常现象，只要温升不超过阀的规定值就能正常使用。

5.（　　）空气压缩机是将机械能转换成气体压力能的装置。

6.（　　）气压三联件其安装次序依进气方向为减压阀、分水排水器、油雾器。

7.（　　）气缸安装时应将气缸安装牢固，松动后会造成活塞承受径向力和偏心力。

8.（　　）在安装三位五通电磁换向阀时只要接三个接口。

9.（　　）接气管在安装时，用活动扳手紧固，用力应适当，不然会爆裂损坏气动元件。

10.（　　）单向节流阀能控制气压系统的流量。

模块五 数控机床辅助装置装配与调整

项目一 自定心卡盘装配与调整

知识目标： 1. 掌握自定心卡盘装配与调整。
2. 掌握自定心卡盘工作原理和装配注意事项。
3. 掌握自定心卡盘的维护保养知识。

能力目标： 1. 能对自定心卡盘进行拆卸。
2. 能对自定心卡盘进行装配与调整。

素质目标： 1. 养成独立思考和动手操作的习惯。
2. 培养小组协调能力和互相学习的精神。

工作任务

本任务要求对自定心卡盘进行拆卸和装配与调整，计划步骤见表5-1。

表5-1 自定心卡盘进行拆卸和装配与调整的计划步骤

序　　号	步　　骤	序　　号	步　　骤
1	自定心卡盘拆卸	3	成果展示
2	自定心卡盘装配与调整	4	评价

相关理论

一、自定心卡盘工作原理与结构

“卡盘”是机床上用来夹紧工件的机械装置。它是利用均布在卡盘体上的三个活动卡爪的径向移动，把工件夹紧和定位的机床附件。自定心卡盘上三个卡爪导向部分的下面，有螺纹与大锥齿轮背面的平面螺纹相啮合，当用扳手通过方孔转动小锥齿轮时，大锥齿轮转动，其背面的平面螺纹同时带动三个卡爪向中心靠近或退出，用以夹紧不同直径的工件，如图5-1所示。可换上三个反爪用来安装直径较大的工件。卡盘一般由卡盘体、活动卡爪和卡爪驱动机构3部分组成（图5-1）。卡盘体直径最小为65mm，最大可达1500mm，中央有通孔，以便通过工件或棒料。卡盘通常安装在车床、外圆磨床和内圆磨床上使用，也可与各种分度装置配合。

二、卡爪顺序的区分

如是新卡爪，上面标注有1、2、3号。如果卡爪的编号标记不清楚，可将三个卡爪并列在一起，比较每个卡爪上起始螺纹与卡爪夹持部位距离的大小，距离最小的为1号，距离最大的为3号，如图5-2所示。

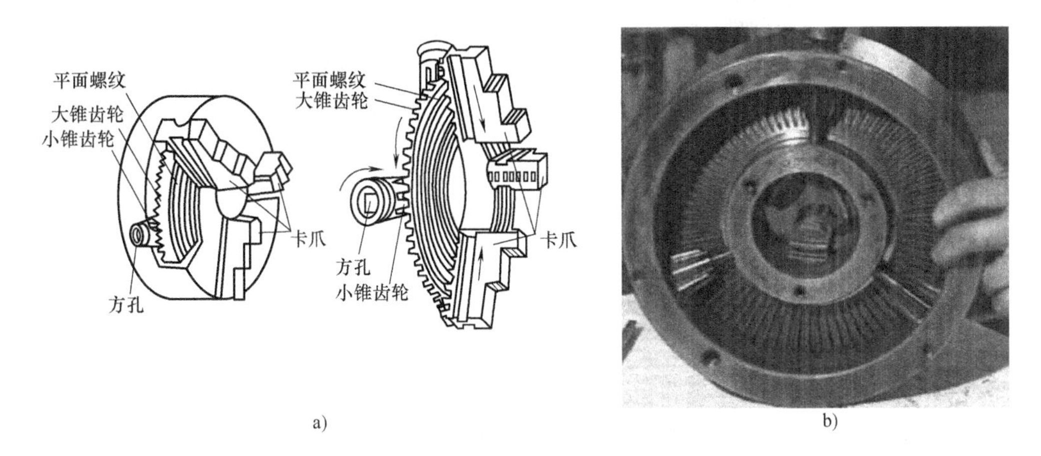

图5-1　自定心卡盘

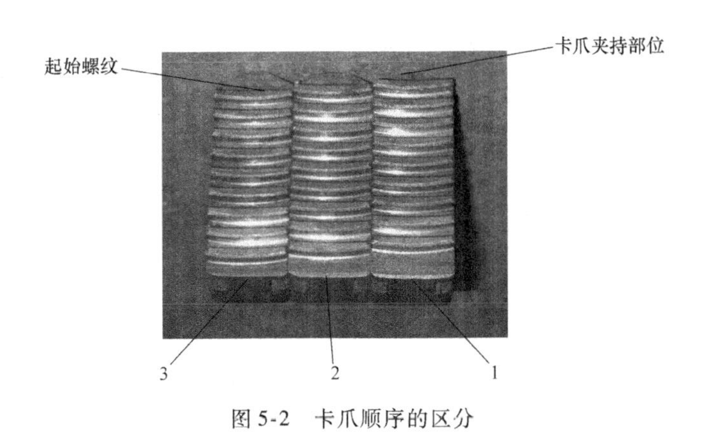

图5-2　卡爪顺序的区分

任务实施

一、自定心卡盘拆卸

1. 工具准备

准备好活扳手、呆扳手、梅花扳手、内六角扳手、整形锉、一字槽螺钉旋具、锤子等适用工具。

2. 卡盘拆卸前的准备工作

1）拆卸卡盘前应切断机床电源，即向下扳动电源总开关由“ON”至“OFF”位置，或按下急停开关。

2）将卡盘及卡爪的各表面擦干净。

3. 拆卸步骤

1）在卡盘孔内插入一根棒子，棒子的一端伸出卡盘之外并搁置在刀架上，操作应注意安全，最好由两人共同完成，一人操作，一人协助，如图 5-3 所示。

图 5-3　主轴孔内插入木棒

2）按机床说明书要求，用工具解除固定卡盘与主轴连接的装置，并用木榔头轻敲卡盘，使卡盘与主轴分离。

3）两人协助将卡盘移动至工作台上，注意安全。

4）用卡盘扳手的方榫插入小锥齿轮的方孔中旋转，依次取下卡爪，放入装有柴油的清洗箱内。

5）拆卸三个紧固螺钉，取出防尘盖板，放入清洗箱内浸泡，如图 5-4 所示。

a)

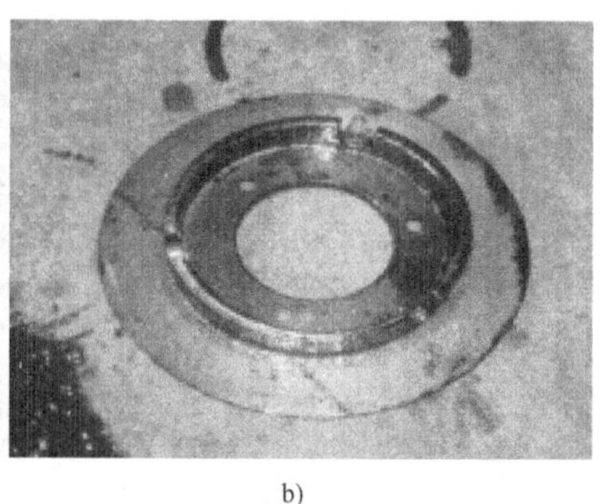

b)

图 5-4　取出防尘盖板

a）拆卸防尘盖板　b）防尘盖板

6）拆卸三个定位螺钉，取出三个小锥齿轮，放入清洗箱内浸泡，如图 5-5 所示。

7）取出带有平面螺纹的大锥齿轮，和卡盘体一起放入清洗箱内浸泡，如图 5-6 所示。

8）清洗所有部件，修整各部件上的不正常痕迹，干燥，分类放入整理箱。

二、自定心卡盘装配

1）将大锥齿轮平稳地放入卡盘体。

2）将小锥齿轮平稳地放入卡盘体，把卡盘体垂直安放在工作台上，用卡盘扳手检查是否转动自如，如果不能转动自如，则检查何处干涉，进行修整，如图 5-7 所示。

装上定位螺钉，应将定位螺钉旋紧后，反转半圈到一圈为宜。安装防尘盖板。

a)

b)

图 5-5　取出三个小锥齿轮

a）拆卸定位螺钉　b）取出小锥齿轮

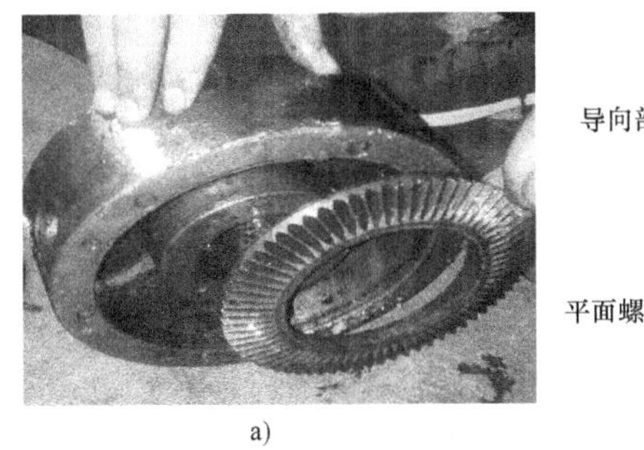

a)

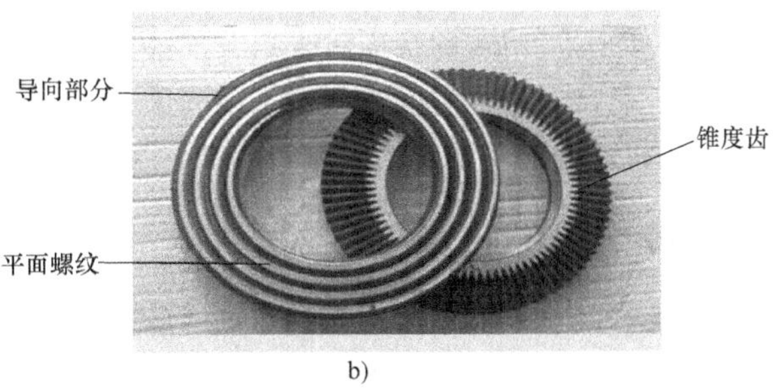

b)

图 5-6　取出大锥齿轮

图 5-7　检查小锥齿轮是否转动自如

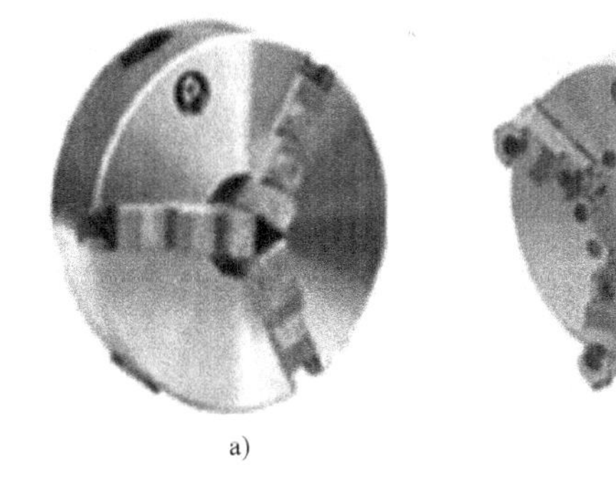

a)　b)

图 5-8　自定心卡盘

a）正卡爪　b）反卡爪

3）根据机床说明书要求进行润滑。

4）自定心卡盘卡爪的装配。自定心卡盘卡爪有正卡爪和反卡爪两种类型（图 5-8）。正卡爪用于装夹外圆直径较小和内孔直径较大的工件；反卡爪用于装夹外圆直径较大的工件。

正卡爪的安装前确定 1、2、3 号卡爪。将卡盘扳手的方榫插入卡盘体上的方孔中，按顺时针方向旋转，驱动大锥齿轮回转，当其背面平面螺纹的导向部分转到将要露出壳体上的槽时，将 1 号卡爪插入壳体的槽内，如图 5-9a 所示。安装好 1 号卡爪后继续顺时针旋转卡盘扳手，在卡盘体的第 2 槽内，再安装 2 号卡爪，如图 5-9b 所示。2 号卡爪安装好后，继续顺时针转动，安装 3 号卡爪。随着卡盘扳手的继续转动，3 个卡爪同步沿径向向心移动，直至

a)

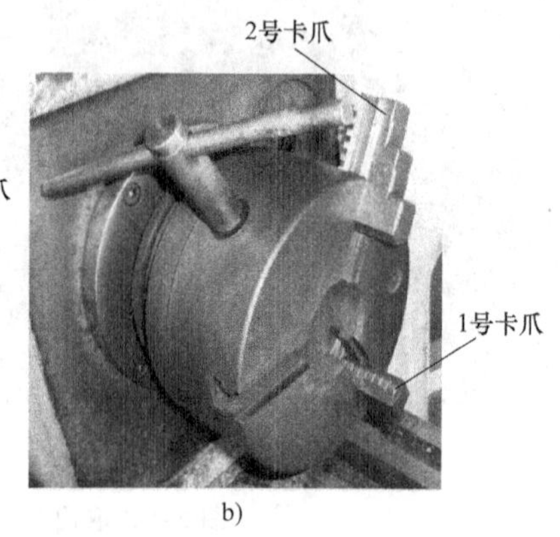

b)

图 5-9 卡爪的安装

a）安装 1 号卡爪 b）安装 2 号卡爪

汇聚于卡盘的中心。装入前，应将卡爪背面螺纹和卡爪侧面及卡盘内平面螺纹清理干净。更换反卡爪时，也按同样的方法进行卡爪的安装。

5）根据机床说明书要求，将卡盘安装在主轴上。

三、自定心卡盘检测与调整

自定心卡盘的卡爪有整体爪和分离爪两种。整体爪的基爪和顶爪为一体的；分离爪的基爪和顶爪分为两部分，顶爪通常可调整为正爪或反爪使用。下面以整体爪卡盘为例进行检测与调整，检测方式和标准可参见 GB/T 23291—2009，检测的项目如下。

1）卡盘的跳动：径向圆跳动和轴向圆跳动。

说明：将卡盘固定在检验主轴上，并保证定位基准无间隙配合，固定指示器，使其测头垂直触及卡盘外径连续部位和靠近外径的端面，旋转主轴检验。

调整：如检测超差则拆下卡盘，清洗定位面后，旋转一个相对角度，重新检测；用塞规进行调整。

2）夹紧检验棒的径向圆跳动。

3）夹紧在卡爪内台弧上检验环的跳动：径向圆跳动和轴向圆跳动。

4）撑紧在卡爪外台弧上检验环的跳动：径向圆跳动和轴向圆跳动。

说明：自定心卡盘应依次用卡盘体上的三方孔转动，分别夹紧检验棒（环）检验，夹紧力取夹紧检验中的最大值。

调整：如检测超差则拆下卡盘，修正、清洗锥齿轮和卡爪，重新检测；更换同型号卡爪，重新检测。

※ **做一做**

1）请学生根据所学的知识，完成拆卸与装配和检测与调整过程。

2）请学生根据实际操作的设备，绘制装配图、三维结构图。

3）请学生完成整个拆装和检测与调整过程的幻灯片（PPT）。

4）请学生根据所学的内容，自己组织文字详细填写表 5-2。

表 5-2　自定心卡盘装配工艺卡

<table>
<tr><td colspan="2" rowspan="2">装配工艺卡</td><td>产品型号</td><td></td><td>图号</td><td></td><td rowspan="2">第　页</td></tr>
<tr><td>装配人员</td><td></td><td>内容</td><td></td></tr>
<tr><td>工序号</td><td>工序内容</td><td>技术要求</td><td colspan="2">仪器及工艺装备</td><td colspan="2">图片</td></tr>
<tr><td></td><td></td><td></td><td colspan="2"></td><td colspan="2"></td></tr>
<tr><td></td><td></td><td></td><td colspan="2"></td><td colspan="2"></td></tr>
<tr><td></td><td></td><td></td><td colspan="2"></td><td colspan="2"></td></tr>
</table>

※ 晒一晒

请学生把所绘制的图、所做的幻灯片（PPT）、所填写的工艺卡展示给其他学生，分享成果，晒一晒成功的喜悦。

※ 思一思

请学生根据自己所学、所做、所晒的内容，思考一下自己是否能够独立完成所有内容？

检查评价

对任务实施的完成情况进行检查，并将结果填入表 5-3 中。

表 5-3　任务评价表

<table>
<tr><td rowspan="2">序号</td><td rowspan="2">项目</td><td rowspan="2">分值</td><td>自我测评</td><td>小组测评</td><td>教师测评</td></tr>
<tr><td>得分</td><td>得分</td><td>得分</td></tr>
<tr><td>1</td><td>拆卸与安装</td><td>15</td><td></td><td></td><td></td></tr>
<tr><td>2</td><td>检测与调整</td><td>15</td><td></td><td></td><td></td></tr>
<tr><td>3</td><td>幻灯片(PPT)</td><td>15</td><td></td><td></td><td></td></tr>
<tr><td>4</td><td>工艺卡</td><td>15</td><td></td><td></td><td></td></tr>
<tr><td>5</td><td>绘图</td><td>15</td><td></td><td></td><td></td></tr>
<tr><td>6</td><td>成果展示</td><td>15</td><td></td><td></td><td></td></tr>
<tr><td>7</td><td>安全文明生产</td><td>10</td><td></td><td></td><td></td></tr>
<tr><td>8</td><td>合计</td><td>100</td><td></td><td></td><td></td></tr>
<tr><td>9</td><td>自我评语</td><td></td><td colspan="3"></td></tr>
<tr><td>10</td><td>小组评语</td><td></td><td colspan="3"></td></tr>
<tr><td>11</td><td>教师评语</td><td></td><td colspan="3"></td></tr>
</table>

问题及防治

在学生进行任务实施实训过程中，时常会遇到如下的问题。

问题：卡爪移动不自如，有死点。

后果及原因：如不及时解决会给上下工件带来困难，影响生产率；原因一般是卡爪受力使背面螺纹部分受损或卡爪侧面变形，如受严重撞击时，小锥齿可能会断齿，端面螺纹也会变形。

防治措施：严格规范操作；修整受损部件，达不到使用要求则更换原厂配件。

知识拓展

1. 卡盘的分类

从卡盘爪数上面可以分为两爪卡盘、自定心卡盘、单动卡盘、六爪卡盘和特殊卡盘；从使用动力上可以分为手动卡盘、气动卡盘、液压卡盘、电动卡盘和机械卡盘；从结构上面还可以分为中空型和中实型，见表5-4。

表5-4 卡盘

中空型自定心卡盘	两爪卡盘	中实型自定心卡盘
单动卡盘	特殊卡盘	六爪卡盘

2. 用自定心卡盘装夹工件的方法

用自定心卡盘装夹工件的方法，如图5-10所示。当工件直径较小时，置于三个卡爪之间装夹（图5-10a）；可将三个卡爪伸入工件内孔中，利用卡爪的径向张力装夹盘、套、环状工件（图5-10b）。当工件直径较大时，用正爪不便装夹时，可将三个正爪换成反爪进行装夹（图5-10c）。当工件长度大于四倍直径时，应在工件右端用尾座顶尖支撑（图5-10d）。

3. 自定心卡盘的连接方式

由于加工中心自定心卡盘随数控车床主轴一起回转，卡盘与主轴的连接精度直接影响卡盘的回转精度，故要求自定心卡盘与主轴两者轴线有较高的同轴度，且要连接可靠。通常连

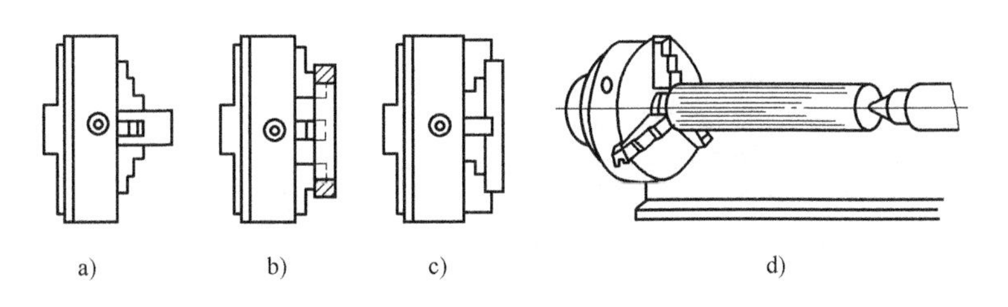

图 5-10　用自定心卡盘装夹工件的方法

a）正爪夹紧　b）正爪撑紧　c）反爪夹紧　d）自定心卡盘与顶尖配合使用

接方式有以下几种。

（1）卡盘通过主轴锥孔与主轴连接　卡盘通过主轴锥孔与主轴连接，如图 5-11 所示。

图 5-11　通过主轴锥孔与主轴连接

用扳手依次插入三个四方孔并顺时针转动，即可拆下卡盘。装配时，必须要对主轴锥面与锥度结合面进行清理，才能保证较高的同轴度。

（2）卡盘通过过渡盘与机床主轴连接　卡盘通过过渡盘与主轴连接，如图 5-12 所示。

依次旋下六个内六角螺钉即可卸下卡盘。旋下的六个内六角螺钉，必须严格检查，不合格的必须更换，最好全部更换，这不光是精度考虑，还有安全考虑。

4. 自定心卡盘的日常维护保养

1）为了保证卡盘长时间使用后仍然有良好精度，必须保证足够的润滑。

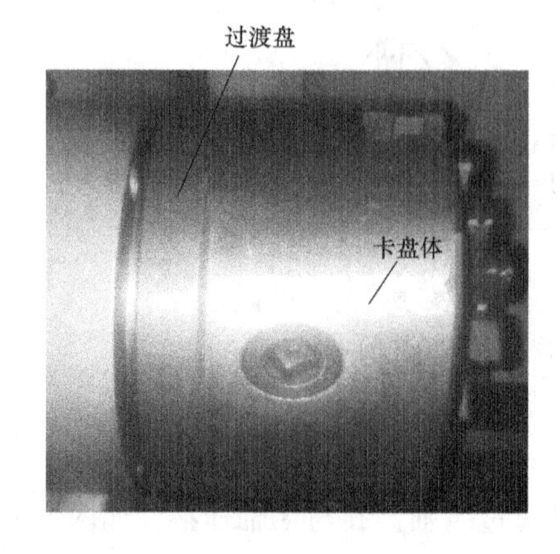

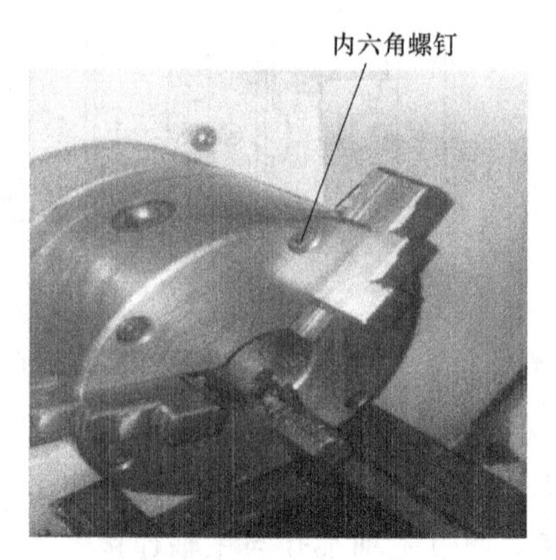

图 5-12　通过过渡盘与主轴连接

2）作业终了时务必以风枪或类似工具来清洁卡盘本体及滑道面。

3）至少每 6 个月拆下卡盘分解清洗，保持夹爪滑动面干净并给予润滑，使卡盘寿命增长。但如果切削铸铁，每 2 个月至少一次或多次进行彻底清洁，检查各部分零件有无破裂及磨损情形，严重时应立刻更换新品，检查完毕后，要充分给油，才能工作。

4）针对不同工件，必须使用不同夹持方式或选择制作特殊夹具。勉强使用自定心卡盘去夹持不规则工件，会造成卡盘损坏。

5）使用具有防锈效果的切削液，可以预防卡盘内部生锈，因为卡盘生锈会降低夹持力，而无法将工件夹紧。

5. 自定心卡盘的修正方法

自定心卡盘使用日久会出现同轴度降低及喇叭口现象，直接影响加工精度及装夹可靠性。实践证明，用以下方法修正，简单实用，效果显著，不妨一试。

以正爪卡盘为例，先用外夹的方式夹紧一段适当直径的圆棒，开动机床，车削卡爪的外圆部分（建立一个良好的基准）。然后用内撑的方式夹持一环形件，开动机床，车削卡爪的内圆部分和端面。显然，这样就能明显提高加工后的卡爪内圆与机床主轴的同轴度并消除喇叭口现象，获得较高的精度，达到修正的目的。具体应用时尚需注意以下几点。

圆棒的外圆和环形件的内圆需经事先加工并具有一定的精度。环形件的内径不宜过小，否则会使卡爪面凹弧大，夹持大直径工件时易损伤工件表面，须引起重视。

由于卡爪与卡盘体的滑槽之间不可避免存在间隙，而且在修正时卡爪的受力方向与实际工作时的受力方向恰好相反，所以修正后的卡盘在使用时反而会出现喇叭口现象。故在修正时应将卡爪内圆预加工成有一定锥度的反向喇叭口（内大外小），调整的锥度值可通过试验确定，这一点是成败的关键。

因卡爪硬度较高，又是断续切削，所以修正时背吃刀量和进给量要小，切削速度也不宜太高。刀具材料最好采用硬质合金。若能在拖板上装一小型动力头，采用砂轮磨削修正则效果更佳。对反爪也可用同样的原理进行修正。

【思考与练习】

一、填空题

1. 卡盘一般由______、______和______三部分组成。

2. 卡盘按使用动力不同，分为______和机械卡盘两种。

3. 装卡爪时，______，以防危险。

4. 自定心卡盘的连接方式一般为______与主轴连接和______与主轴连接。

二、判断题（正确的画“√”，错误的画“×”）

1.（　　）卡盘一般由卡盘体，活动卡爪和卡爪驱动机构三部分组成。

2.（　　）卡盘的安装不需要检测。

3.（　　）每班工作结束时，及时清扫卡盘上的切屑。

4.（　　）针对不同工件，必须使用不同夹持方式或选择制作特殊夹具。

项目二　尾座装配与调整

知识目标： 1. 掌握尾座装配与调整。
2. 掌握尾座的结构、工作原理。
3. 掌握尾座的维护保养知识。

技能目标： 1. 能对尾座进行拆卸。
2. 能对尾座进行装配与调整。

素质目标： 1. 养成独立思考和动手操作的习惯。
2. 培养小组协调能力和互相学习的精神。

工作任务

本任务要求对尾座进行拆卸和装配与调整，计划步骤见表5-5。

表5-5　尾座进行拆卸和装配与调整的计划步骤

序　号	步　骤	序　号	步　骤
1	尾座拆卸与装配	3	成果展示
2	尾座检测与调整	4	评价

相关理论

一、车床尾座的说明及作用

尾座是车床上的重要部件之一，是车床上用以支撑轴类工件进行车削加工和实施钻孔的主要车床附件。在加工轴类零件时，使用其顶尖顶紧工作，能够保证加工的稳定性。尾座的运动包括尾座体的移动和尾座套筒的移动，尾座套筒的称动主要是螺旋机构运动。

车床的尾座可沿导轨纵向移动调整其位置，其内有一根由手柄带动沿主轴轴线方向移动的心轴，在套筒的锥孔里插上顶尖，可以支承较长工件的一端，还可以换上钻头、铰刀等刀具实现孔的钻削和铰削加工，如图5-13和图5-14所示。

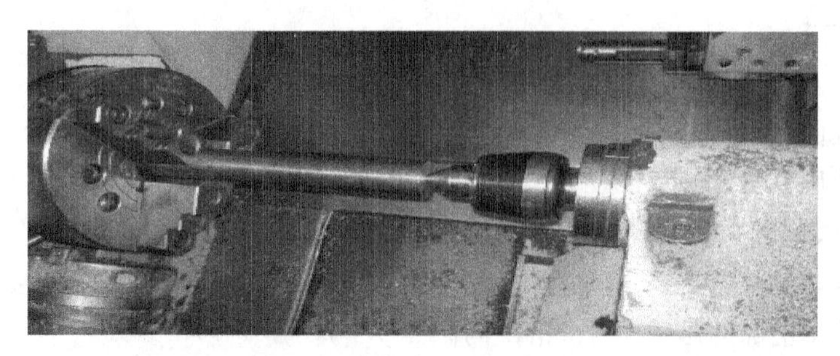

图 5-13　一夹一顶轴类工件

a)

b)

图 5-14　钻中心孔和铰削

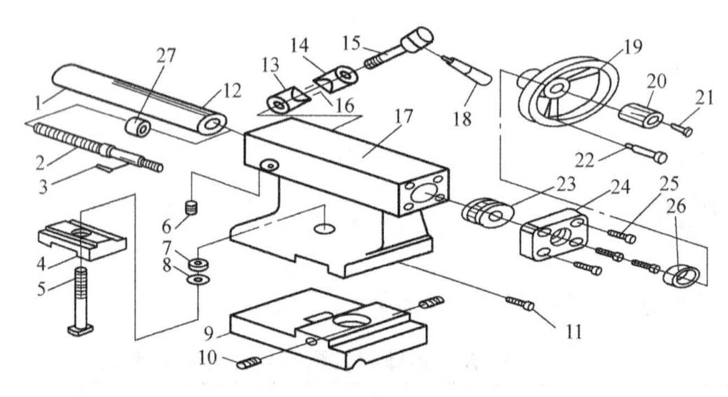

图 5-15　尾座结构

1—套筒　2—丝杠　3—半圆键　4—压板　5—压板吊紧螺钉　6—导向销
7—压板吊紧螺母　8—垫圈　9—尾座底板　10—横向调整螺钉　11—调整锁定螺钉
12—套筒油槽　13—套筒夹紧螺母　14—套筒夹紧块　15—套筒夹紧螺钉
16—复位弹簧　17—尾座体　18—套筒夹紧手柄　19—手轮　20—垫块
21—螺母　22—手柄　23—轴承　24—后轴承端盖　25—后轴承端盖固定螺钉
26—标尺　27—丝杠螺母副

二、尾座结构（以大连 CKA6140 数控机床尾座为例）

尾座结构，如图 5-15 所示。它为上下两体结构，主要由四大部分组成：一是套筒夹紧装置（零件 13、14、15、16、18）；二是套筒及其驱动机构（零件 1、2、3、19、20、21、22、23、24、25、27）；三是尾座紧固装置（零件 28、29、30、31 等），如图 5-16 所示；四是尾座基体（零件 9、10、11、17）每一个部分相对独立。

当用手柄 22 使手轮 19 旋转时，通过半圆键 3 带动丝杠 2 转动，与丝杠旋合的丝杠螺母

副27则左右移动，与丝杠螺母副27固定连接在一起的套筒1则随之在尾座体17内移动，带动顶尖顶紧或松开工件。顶尖位置调好以后，向前旋转套筒夹紧手柄18，通过套筒夹紧螺钉15使套筒夹紧螺母13和套筒夹紧块14移动，将套筒1锁紧。向后旋转套筒夹紧手柄18，由于复位弹簧16的作用，使套筒1松开，可重新调整位置。由于导向销6的导向，使套筒只能轴向移动，不能转动。

尾座底板9装在车床床身的导轨上，这样尾座可以沿床身导轨纵向移动。尾座在导轨上的位置调整妥当后可用紧固手柄28夹紧。当紧固手柄28向后推动时，通过偏心轴31及拉杆32、压板33等，就可将尾座夹紧在床身导轨上，如图5-16所示。有时为了将尾座紧固得更牢靠些，可拧紧压板吊紧螺母7，这时压板吊紧螺母7通过压板吊紧螺钉5及压板4使尾座牢固地夹紧在床身导轨上。

图5-16　尾座紧固机构

28—紧固手柄　29—定位螺钉　30—连接块　31—偏心轴　32—拉杆　33—压板

任务实施

一、尾座拆卸

1. 工具准备

准备好活扳手、呆扳手、梅花扳手、内六角扳手、整形锉、一字槽螺钉旋具、锤子等适用工具。

2. 技术准备

1）看懂结构图再动手拆，按先外后里，先易后难，先拆紧固、连接、限位件的顺序进行。

2）拆前拍照或画好示意图，以免装配时搞错。

3. 拆卸步骤

1）首先拆除定位螺钉（图5-17），松开紧固手柄，松开吊紧螺母，使两压板分离机床导轨。

2）将尾座平稳地移动出数控机床，放在工作台上，注意安全，如图5-18所示。

3）拆除两压板螺钉，将尾座放平。

4）将手轮后面的反牙螺母拆下，取出手轮、垫块、键、放入清洗箱，如图5-19所示。

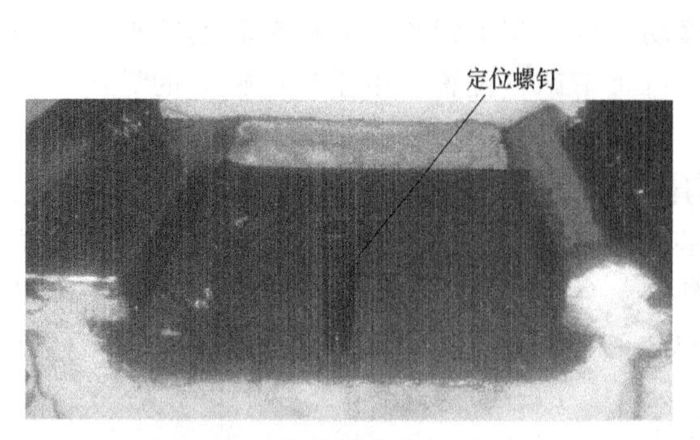

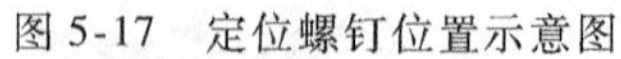
图5-17　定位螺钉位置示意图

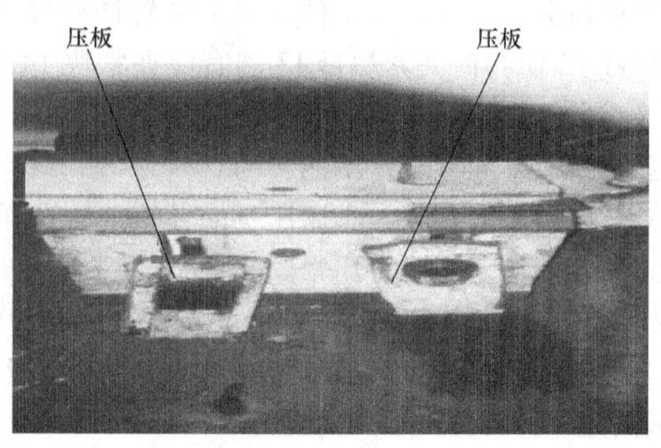

图5-18　放置尾座

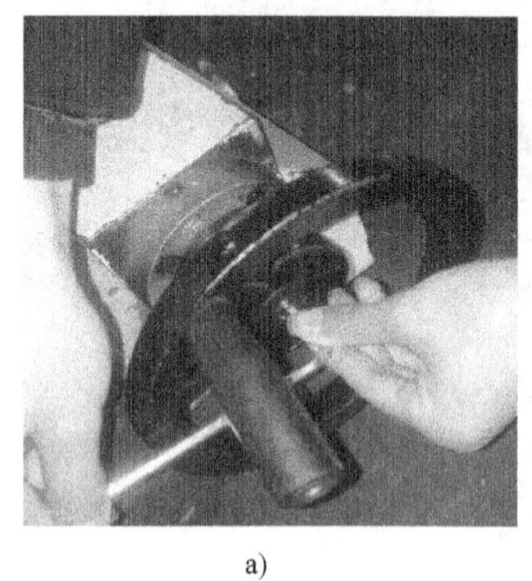

a)

b)

c)

图5-19　拆卸手轮、垫块、键、螺母
a）拆卸手轮　b）拆卸下的手轮　c）拆卸下的垫块、键、螺母

5）拆卸后轴承端盖螺钉，松开端盖，逆时针旋转丝杠，与套筒分离，放入清洗箱，如图5-20所示。

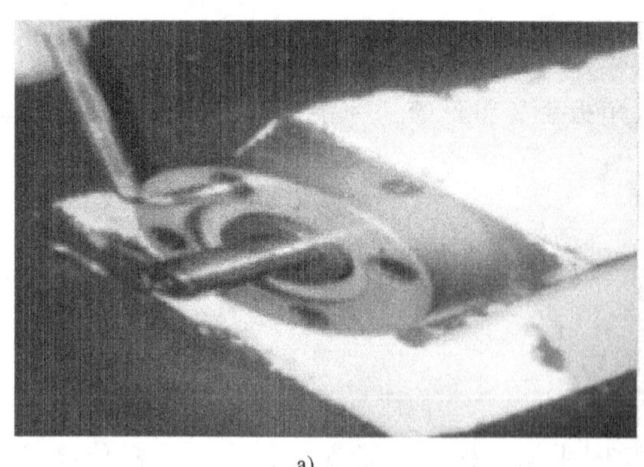

a)

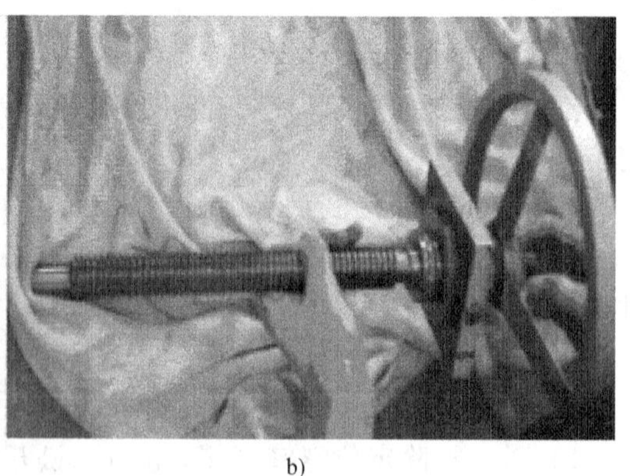

b)

图5-20　丝杠与套筒分离
a）拆卸后轴承端盖螺钉　b）分离后的丝杠

6）将套筒夹紧手柄向前移动，松开套筒、拆卸导向销，放入清洗箱。套筒夹紧手柄和导向销，如图5-21所示。

7）移出套筒，拆卸丝杠螺母副，放入清洗箱，如图5-22所示。

8）拆除套筒夹紧装置。逆时针旋出套筒夹紧螺钉，取出垫圈、套筒夹紧块、复位弹簧、套筒夹紧螺母，放入清洗箱，如图5-23所示。

9）旋松尾座上的横向调整螺钉及调整锁定螺钉，轻轻敲打尾座底板，分离尾座上下两部分，如图5-24所示。先取出定位螺钉，旋下紧固手柄，取出连接块、偏心轴，放入清洗箱，如图5-25所示。

图5-21　套筒夹紧手柄和导向销

10）尾座体内孔清洗、除锈，如图5-26所示。

11）各部件清洗、干燥，分类放置在整理箱内，准备组装。

a)

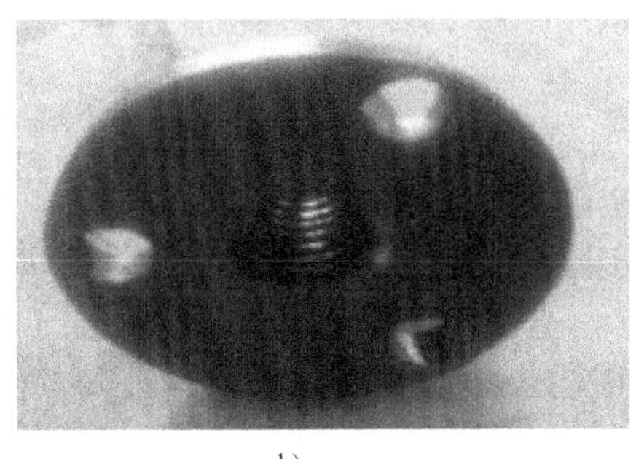

b)

图5-22　拆卸后的套筒和丝杠螺母副

二、尾座的装配

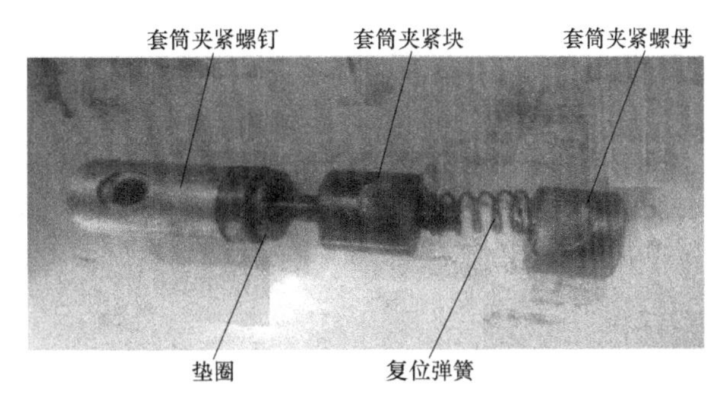

图5-23　套筒夹紧装置示意图

1）装配尾座紧固装置，如图5-25所示。按照与拆卸相反的顺序安装。注意偏心轴位置，使紧固手柄向后时，距尾座体底面距离最大；旋紧定位螺钉。

2）安装尾座底板，分别旋紧横向调整螺钉及调整锁定螺钉，将尾座放正，准备安装套筒。

3）把套筒安装到尾座体内，要配合良好，以手能推入为宜。否则找出问题，修磨。

4）将套筒后移，安装丝杠螺母副，将试配过的丝杠装上，装上轴承、后轴承端盖、半圆键、手轮、手柄等。

5）安装套筒夹紧装置，如图5-23所示。按照与拆卸相反的顺序安装。套筒夹紧螺母、

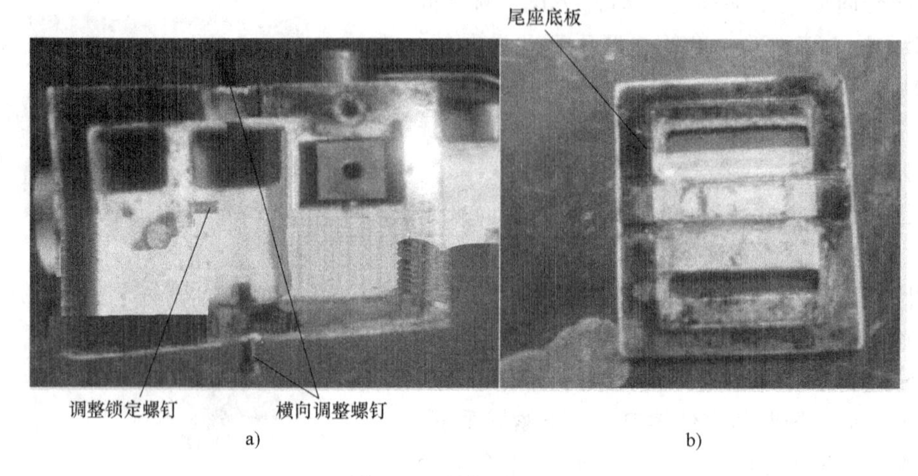

图 5-24 拆卸尾座底板

套筒夹紧块实际上起一对压紧块的作用。它们与套筒有一抛物线状接触面，若接触面面积低于 70%，要用涂色法并用锉刀或刮刀修整，使其接触面符合要求。接触表面的表面粗糙度值要尽量低些，防止研伤套筒。

6）安装导向销。

7）零件全部装好后，注入润滑油，运动部位的运动要感觉轻快自如。

8）尾座的安装①以床身上尾座导轨为基准，配刮尾座底板，使其达到精度要求。②将尾座部件装在床身上，安装两压板。

9）装配完毕。

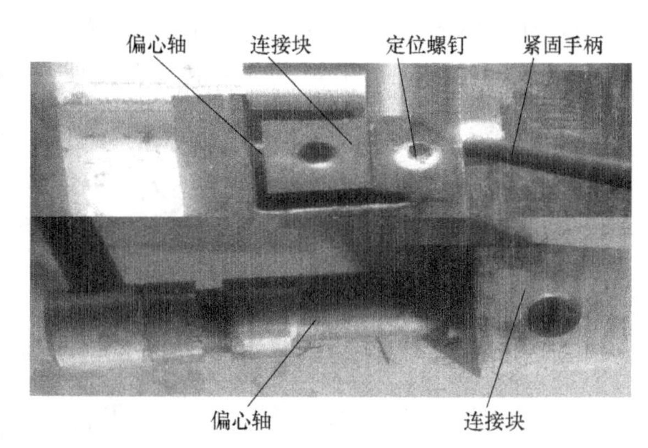

图 5-25 尾座紧固装置安装位置及组件示意图

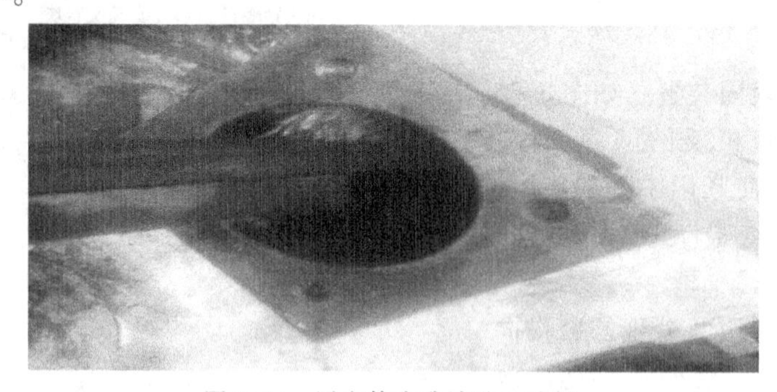

图 5-26 尾座体内孔清洗、除锈

三、尾座检测与调整

由于尾座几何精度影响到零件的加工精度，特别是影响到孔的钻削和铰削加工同轴度，甚至影响到孔加工的正常进行。因此，必须对尾座进行精度检测。

1）检测尾座套筒轴线对 Z 轴工作台移动的平行度（图 5-27 和表 5-6）。

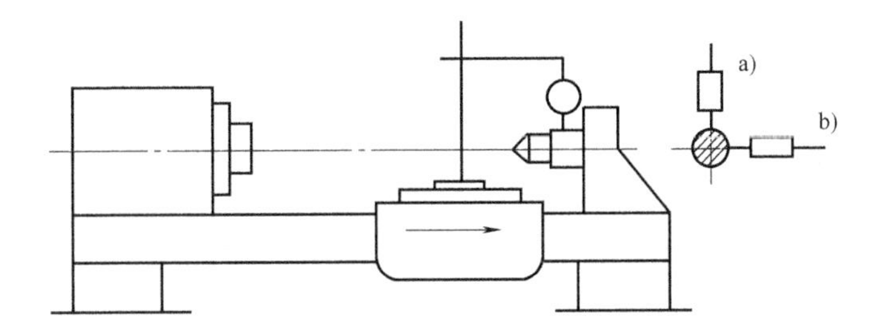

图 5-27　检测方法示意图一

a）在 OYZ 平面　b）在 OZX 平面

表 5-6　检测公差范围一　（单位：mm）

公差	
$D_a \leq 800$	$D_a > 800$
1）在 100 测量长度为 0.015（只许向上偏） 2）在 100 测量长度为 0.010（只许偏向刀具）	1）在 100 测量长度为 0.020（只许向上偏） 2）在 100 测量长度为 0.015（只许偏向刀具）

用干净的棉布擦拭尾座锥孔、尾座套筒表面，并且用手检查一遍尾座锥孔、尾座套筒表面，以防有棉布残留物。

将尾座套筒移出大于 100mm 长度，并锁紧。固定百分表，使其测头垂直触及尾座套筒的垂直表面上，找到测量点，即百分表指针折返点，压表适量，移动 Z 轴工作台，读出百分表的最大差值即为在垂直（OYZ）平面内尾座套筒轴线对 Z 轴工作台移动的平行度，判断偏置方向，如图 5-28 所示。

将百分表的测头垂直触及水平平面内尾座套筒表面上，找到测量点，即百分表指针折返点，压表适量，移动 Z 轴工作台，读出百分表的最大差值即为在水平（OZX）平面内尾座套筒轴线对 Z 轴工作台移动的平行度，判断偏置方向，如图 5-29 所示。

图 5-28　在 OYZ 平面检测示意图一

图 5-29　在 OZX 平面检测示意图一

对加工质量的影响：用装在尾座套筒锥孔中的刀具进行钻、扩、铰孔时，刀具轴线与工件回转轴线间产生同轴度误差，使加工孔的直径扩大并产生喇叭形。

调整：修磨导轨和尾座底板结合面，检查尾座底板和尾座体是否配合好。

2）检测尾座套筒锥孔轴线对 Z 轴工作台移动的平行度（图 5-30 和表 5-7）。

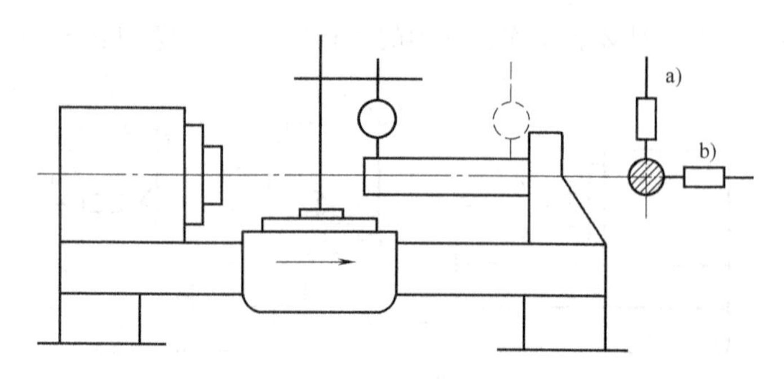

图 5-30　检测方法示意图二

a）在 *OYZ* 平面内　b）在 *OZX* 平面内

表 5-7　检测公差范围二　　（单位：mm）

公差	
$D_a \leq 800$	$D_a > 800$
1)在 300 测量长度为 0.030(只许向上偏) 2)在 300 测量长度为 0.030(只许偏向刀具)	

用干净的棉布擦拭尾座套筒锥孔、尾座检验棒表面，并且用手检查尾座套筒锥孔、尾座检验棒表面，以防有棉布残留物。

将尾座套筒移出适量，插入尾座检验棒并锁紧套筒，磁力表座固定在 *X* 轴工作台上，百分表测头垂直触及尾座检验棒的垂直（*OYZ*）表面，*X* 轴工作台移动，百分表指针折返点是检验点；工作台在 *Z* 轴方向上移动，记录百分表读数的最大差值。拔出尾座检验棒，旋转 180°再检验一次，消除误差影响；取两次结果的平均值。即为在 *OYZ* 平面内尾座套筒锥孔轴线对 *Z* 轴工作台移动的平行度；同理，可测量出 *OZX* 平面内尾座套筒锥孔轴线对 *Z* 轴工作台移动的平行度，如图 5-31 和图 5-32 所示。

图 5-31　在 *OYZ* 平面内检测示意图二

图 5-32　在 *OZX* 平面内检测示意图二

对加工质量的影响：用装在尾座套筒锥孔中的刀具进行钻、扩、铰孔时，刀具进给方向与工件回转轴线不重合，引起被加工孔的孔径扩大和产生喇叭形；用两顶尖支承工件车削外圆时，影响工件素线的直线度。

调整：如莫氏锥度磨损，用镗床镗掉锥度，然后用镶套的方法装入后，精镗至莫氏 5 号锥度；当尾座套筒内部锥度较长且磨损量不大时，往往也采用电镀修复然后精镗的修复方法。

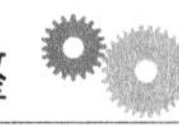

3）检测主轴和尾座两顶尖的等高度（图5-33和表5-8）

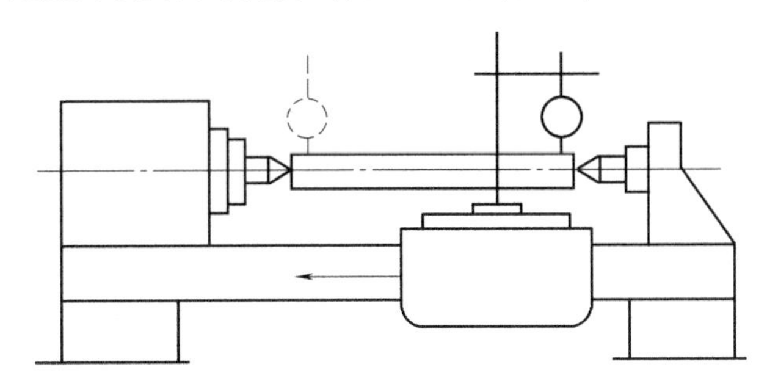

图5-33　检测方法示意图三

表5-8　检测公差范围三　（单位：mm）

公差	
$D_a \leq 800$	$D_a > 800$
0.040（只许尾座高）	0.060（只许尾座高）

用干净的棉布擦拭主轴锥孔、尾座锥孔、长检验棒，并且用手检查主轴锥孔、尾座锥孔、长检验棒表面，以防有棉布残留物。

在主轴锥孔和尾座锥孔中分别装入顶尖，调整尾座位置，再装长检验棒，松紧度合适，最后锁紧尾座顶尖；固定百分表在溜板上，使其测头在垂直平面内垂直触及检验棒上表面，压表适量，在Z轴方向移动溜板至行程两端，记录百分表读数的最大差值。旋转检验棒180°，再次测量，两次测量百分表读数的最大差值代数和之半即为主轴和尾座两顶尖的等高度偏差，如图5-34所示。

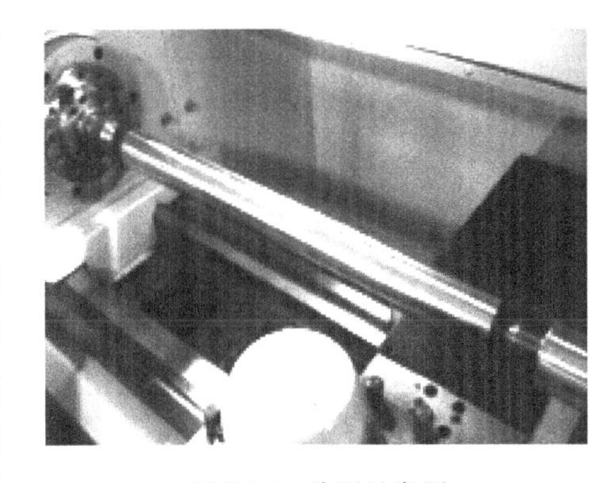

图5-34　检测示意图

对加工质量的影响：用两顶尖支承工件车削外圆时，刀尖移动轨迹与工件回转轴线间产生平行度误差，影响工件素线的直线度；用装在尾座套筒锥孔中的刀具进行钻、扩、铰孔时，刀具轴线与工件回转轴线间产生同轴度误差，引起被加工孔径扩大。

调整：①修刮主轴箱底面；②增加尾座垫板高度，即把尾座垫板厚度尺寸增加。后者简单易行，并可多次使用。在生产实际中，一般在尾座垫板底面粘贴一层铸铁板或聚四氟乙烯胶带，然后与床身导轨配刮。

做一做　1. 请学生根据所学的知识，完成拆卸与装配和检测与调整过程。

2. 请学生根据实际操作的设备，绘制装配图、三维结构图。

3. 请学生完成整个拆装和检测与调整过程的幻灯片（PPT）。

4. 请学生根据所学的内容，自己组织文字详细填写表5-9。

表 5-9　尾座装配工艺卡

<table>
<tr><td colspan="2" rowspan="2">装配工艺卡</td><td>产品型号</td><td></td><td>图号</td><td></td><td rowspan="2">第　页</td></tr>
<tr><td>装配人员</td><td></td><td>内容</td><td></td></tr>
<tr><td>工序号</td><td>工序内容</td><td>技术要求</td><td colspan="2">仪器及工艺装备</td><td colspan="2">图片</td></tr>
<tr><td></td><td></td><td></td><td colspan="2"></td><td colspan="2"></td></tr>
<tr><td></td><td></td><td></td><td colspan="2"></td><td colspan="2"></td></tr>
<tr><td></td><td></td><td></td><td colspan="2"></td><td colspan="2"></td></tr>
</table>

晒一晒　请学生把所绘制的图、所做的幻灯片（PPT）、所填写的工艺卡片展示给其他学生，分享成果，晒一晒成功的喜悦。

思一思　请学生根据自己所学、所做、所晒的内容，思考一下自己是否能够独立完成所有内容？

检查评价

对任务实施的完成情况进行检查，并将结果填入表 5-10 中。

表 5-10　任务评价表

序号	项目	分值	自我测评	小组测评	教师测评
			得分	得分	得分
1	拆卸与装配	15			
2	检测与调整	15			
3	幻灯片(PPT)	15			
4	工艺卡	15			
5	绘图	15			
6	成果展示	15			
7	安全文明生产	10			
8	合计	100			
9	自我评语				
10	小组评语				
11	教师评语				

问题及防治

在学生进行任务实施实训过程中，时常会遇到如下的问题。

问题1：尾座与主轴不同心故障。

防治措施：先旋松尾座上的调整锁定螺钉，调节尾座上的横向调整螺钉，就可以调整尾座的横向位置，使顶尖中心线和主轴中心线重合。调节完毕后，旋紧锁定螺钉。

问题2：尾座不能沿床身移动。

防治措施：检查尾座固定螺钉是否锁死，床身上固定尾座的手柄是否安装到位，固定螺钉和底板是否安装好。

问题3：尾座没有纵向进给。

防治措施：检查套筒夹紧手柄是否安装正确，丝杠和螺母传动是否脱落。

问题4：套筒无法安装到尾座体内或移动不畅。

原因：套筒或尾座体内有毛刺，套筒或尾座体端面受损；套筒轴线与尾座体内孔轴线不重合。

防治措施：用油石修整套筒工作面和端面，用细砂纸修磨尾座体内孔；把套筒轴线调整到与尾座体内孔轴线重合，再安装。

知识拓展

1. 尾座维护

1）定期对尾座进行精度检测并调整。

2）定期润滑尾座（图5-35）。

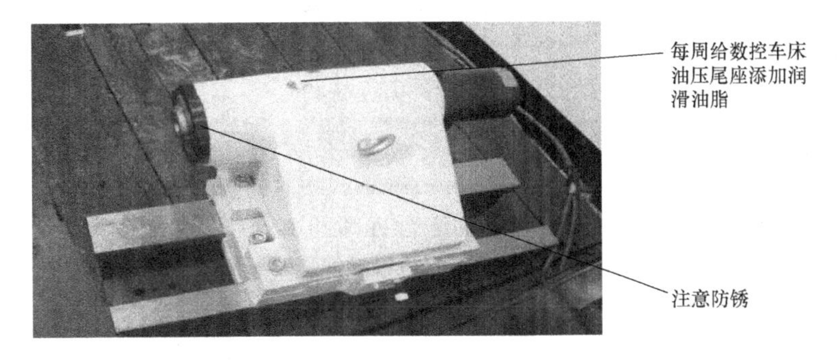

图5-35　尾座维护示意图

3）定期检查尾座套筒是否出现机械磨损。

2. 工件清洗方法

清洗前检查工件是否有毛刺、氧化皮、焊渣、铁豆等，如有应清除干净。

油污的清洗需要用到清洗液。清洗液包括有机溶剂，碱性溶液，化学清洗液。

清洗方法如下。

1）擦洗。将工件放入装有柴油、煤油或其他清洗液的容器中，用棉纱擦洗或毛刷刷洗。

2）煮洗。将配制好的溶液和被清洗的工件一起放入用钢板焊制适当尺寸的清洗池中，在池的下部设有加温用的炉灶，将工件加温到一定温度，煮洗。

3）喷洗。将具有一定压力和温度的清洗液喷射到工件表面，以清除油污。

4）振动清洗。将被清洗的工件放在振动清洗机的清洗篮或清洗架上，使其浸没在清洗液中，通过清洗机产生振动来模拟人工漂刷动作，并与清洗液的化学作用相配合，达到去除油污的目的。

5）超声清洗。靠清洗液的化学作用与引入清洗液中的超声波振荡作用相配合达到去除油污的目的。

【思考与练习】

一、填空题

1. 使用尾座可以________，________，________时顶着另一端。

2. 尾座的运动包括________移动和________移动。

3. 通过手摇手轮实现________的运动，丝杠带动________前后移动。

二、判断题（正确的画“√”，错误的画“×”）

1.（　　）不需要定期对尾座进行精度检测与调整。

2.（　　）尾座装配完毕，需要进行精度检测和调整。

3.（　　）定期检查尾座套筒是否出现机械磨损。

项目三　润滑与冷却装置装配与调整

知识目标： 1. 掌握数控机床润滑与冷却装置装配与调整。

2. 掌握数控机床润滑与冷却装置维护保养。

能力目标： 1. 能对数控机床润滑与冷却装置进行拆卸。

2. 能对数控机床润滑与冷却装置进行装配与调整。

素质目标： 1. 养成独立思考和动手操作的习惯。

2. 培养小组协调能力和互相学习的精神。

工作任务

本任务要求对数控机床润滑与冷却装置进行拆卸和装配与调整，计划步骤见表5-11。

表5-11　数控机床润滑与冷却装置进行拆卸和装配与调整的计划步骤

序　号	步　骤
1	数控机床润滑与冷却装置拆卸
2	数控机床润滑与冷却装置装配与调整
3	成果展示
4	评价

相关理论

一、润滑

1. 润滑的定义

1）理想状态下的润滑。在相互运动的接触表面之间形成一层油膜，使得两表面之间的

直接摩擦（干摩擦）转变为油液内部分子间的摩擦（液体摩擦）。

2）边界润滑。在两个滑动摩擦表面之间，由于润滑剂供应不充足，无法建立液体摩擦，只能依靠润滑剂中的极性分子在摩擦表面上形成一层极薄（0.1～0.2μm）的“绒毛”状油膜润滑。这层油膜能很牢固地吸附在金属的摩擦表面上。这时，相互接触的不是摩擦表面本身（或有个别点直接接触），而是表面的油膜。

2. 润滑的主要作用

（1）减磨抗磨　使运动零件表面之间形成油膜接触，以减少磨损和功率损失。

（2）冷却降温　通过润滑油的循环带走热量，防止烧结。

（3）清洗清洁　利用循环润滑油冲洗零件表面，带走磨损剥落下来的金属细屑。

（4）密封作用　依靠油膜提高零件的密封效果。

（5）防锈防蚀　能吸附在零件表面，防止水、空气、酸性物质及有害气体与零件的接触。

3. 设备润滑的重要意义

1）设备上几乎所有相对运动的接触表面都需要润滑。设备润滑是防止和延缓零件磨损和其他形式失效的重要手段之一 。

2）60%以上的设备故障是由润滑不良和油变质引起的。

二、冷却

1. 机床冷却和温度控制

在一些较高档的数控机床上，一般采用专门的电控箱冷气机进行电控系统的温湿度调节，其原理和结构图，如图5-36所示。

数控机床的主轴部件及传动装置通常设有工作温度控制装置。图5-37所示为某加工中心主轴温控机。

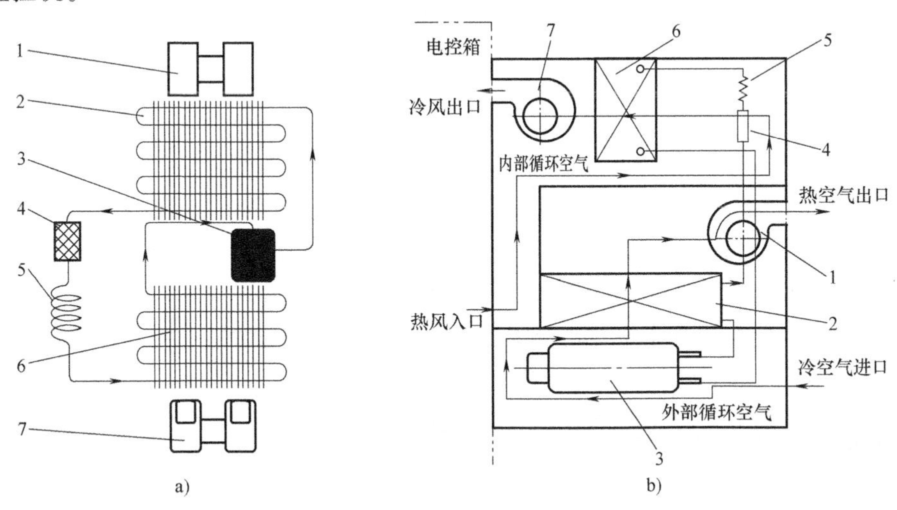

图5-36　电控箱冷气机的原理图和结构图

a）原理图　b）结构图

1—外部空气排出风机　2—冷凝器盘管　3—压缩机　4—干燥过滤器

5—毛细管　6—蒸发器盘管　7—制冷空气排出风机

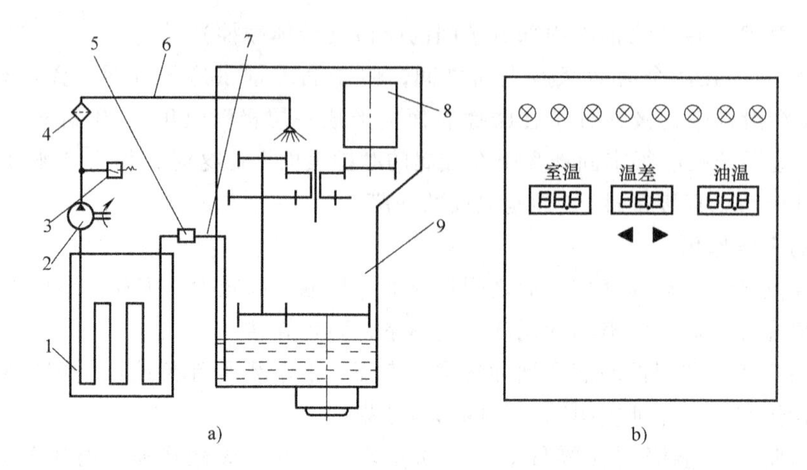

图 5-37　某加工中心主轴温控机

a）工作原理图　b）操作面板图

1—冷却器　2—循环液压泵　3—压力继电器　4—过滤器　5—温度传感器　6—出油管
7—进油管　8—主轴电动机　9—主轴头

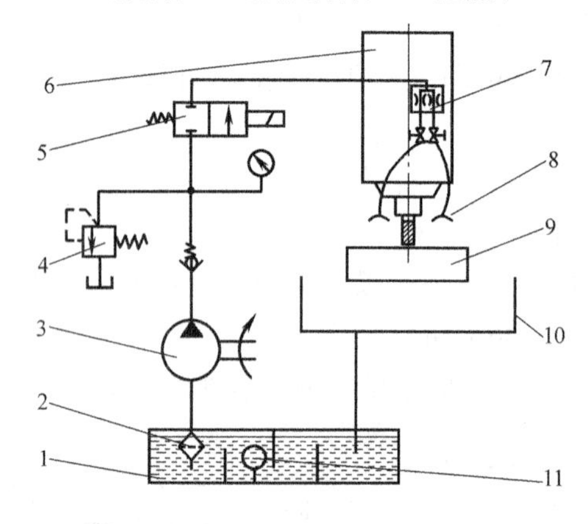

图 5-38　某加工中心冷却示意图

1—切削液箱　2—过滤器　3—液压泵　4—溢流阀　5—电磁阀　6—主轴部件
7—分流阀　8—切削液喷嘴　9—工件　10—切削液收集装置　11—液位指示计

2. 工件切削冷却

通过切削液能从刀具、切屑和工件表面上带走大量的切削热，从而降低切削温度，提高刀具寿命，并减小工件与刀具的热膨胀，提高加工精度。随着现代高速加工技术的发展，内冷刀具普及对工件切削冷却提出更高要求。冷却系统能够根据加工的需要，实时改变切削液工作压力。图 5-38 所示为某加工中心冷却示意图。

任务实施

一、数控机床润滑系统装置拆卸和装配

1. 工具准备

准备好活扳手、呆扳手、梅花扳手、内六角扳手、整形锉、一字槽螺钉旋具、锤子等适

用工具。

2. 电动活塞泵拆卸和装配

图 5-39 所示为电动活塞泵外形示意图，图 5-40 所示为其内部结构图。

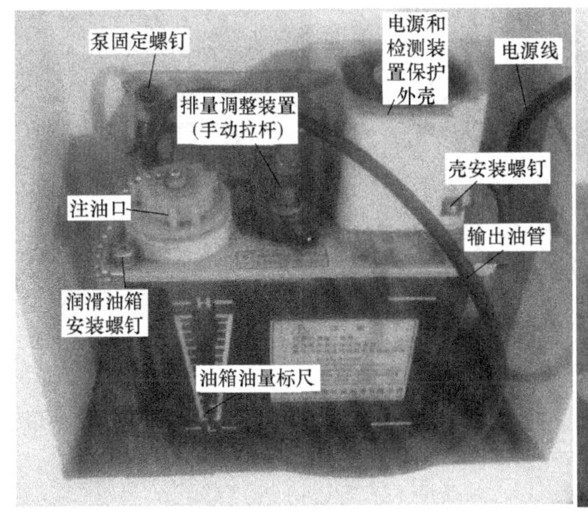

图 5-39　电动活塞泵外形示意图

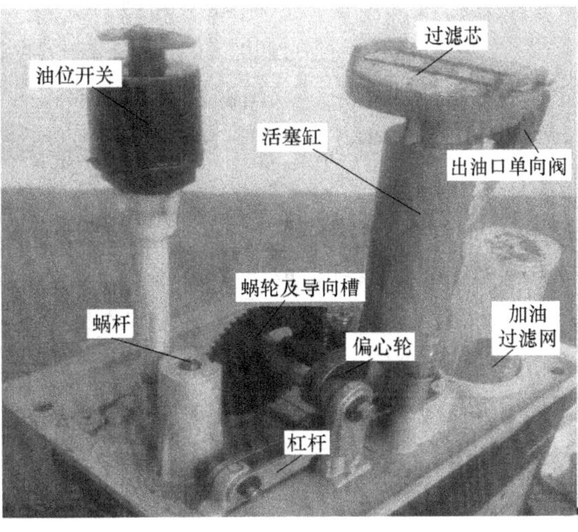

图 5-40　内部结构图

（1）工作原理　电动活塞泵（图 5-41）是一种由微型减速电动机与传动机构组成的自动间歇活塞润滑泵。通过减速电动机驱动蜗杆运动，蜗杆驱动蜗轮逆时针旋转；在偏心轮及导向销和导向槽的共同作用下，通过杠杆，使活塞副向上运动，活塞缸容积变大；当活塞向上运动时，活塞缸内压力减小，吸油口单向阀（只进不出，此型号活塞泵中简化为钢珠）开启，油进入活塞缸，同时出油口单向阀（只出不进）关闭，活塞缸的油随活塞向上提升；蜗轮继续旋转，偏心轮达到最高点后回落，活塞副在弹簧作用下复位，当活塞向下运动时，由于缸内压力增大，吸油口单向阀关闭，出油口单向阀开启供油，即完成一次泵油循环。在手动拉杆处通过调整活塞副行程即可以调节油量，无须 PLC 控制，如图 5-42 所示。

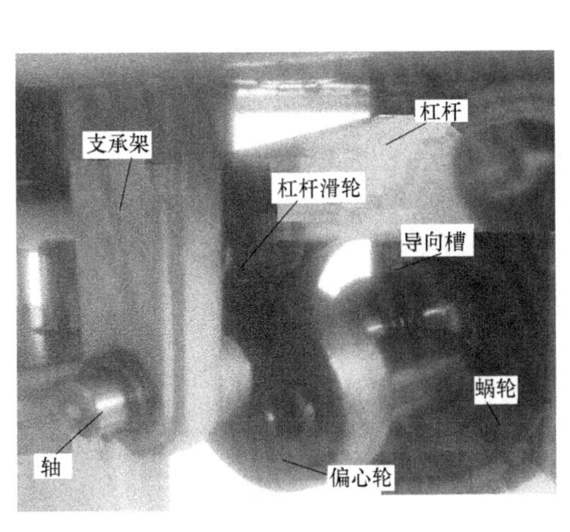

图 5-41　电动活塞泵

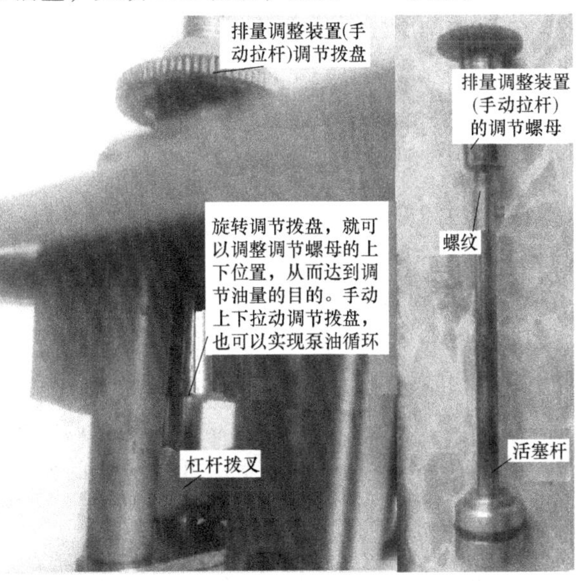

图 5-42　调节油量

（2）拆卸过程

1）首先切断机床电源，再旋下泵固定螺钉，移动泵体，拆除输出油管、电源线，使其与机床分离，最后将它放在工作台上，如图 5-43 所示。

2）旋下油箱上面的四个螺钉，分离上部装置和油箱，旋下注油口盖，取出滤网，清洗油箱、滤网。

3）拆除单向阀、油管，分别清洗，如图 5-44 所示。

4）如图 5-45 所示，拆除电气接线，旋下接线端子上面的固定螺钉，取下接线端子，露出电动机，旋下电动机固定螺钉，取下电动机放入整理盒。

5）拆除油位开关，按顺序拆下卡簧、发讯器，旋下开关管、支架，并分解发讯器，如图 5-46 所示。然后对它们分别清洗、干燥。

图 5-43　分离泵体

a)

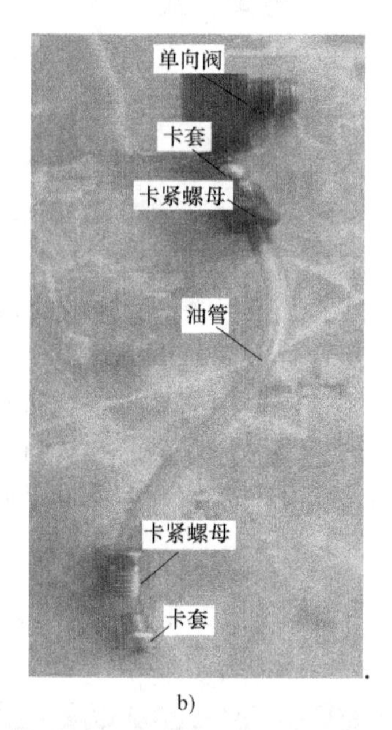

b)

图 5-44　单向阀和油管

a）位置　b）结构

6）拆除蜗轮、偏心轮。按顺序拆下卡簧、轴、轴套、偏心轮、蜗轮，并分别清洗，干燥，如图 5-47 所示 。

7）拆卸杠杆、取下两个卡簧，抽出轴，便可以取下杠杆，如图 5-48 所示 。

8）拆除活塞缸（图 5-49）。①将排量调整装置（手动拉杆）调节拨盘旋下；②拆下卡簧和过滤芯；③拆活塞缸固定螺钉；④小心取下缸体、弹簧、活塞杆、钢珠；⑤分别清洗，干燥。

（3）装配过程

1）检查蜗轮、偏心轮是否正常，油位开关是否移动自如，杠杆是否弯曲，如不能正常

工作则更换。按拆卸的反顺序安装。

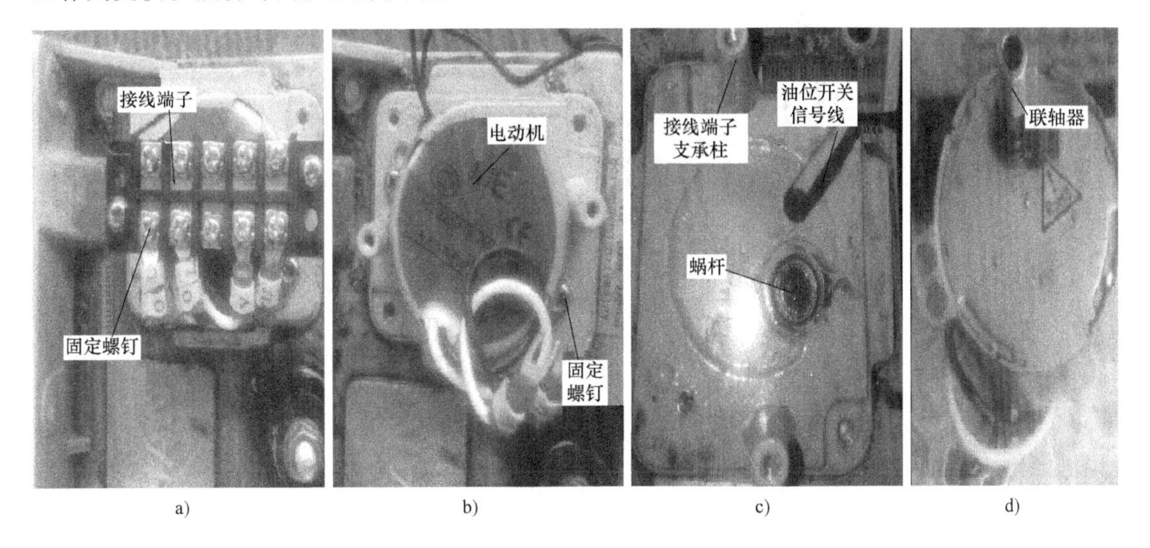

a)　b)　c)　d)

图 5-45　电动机拆除过程

a）拆除电气接线，旋下接线端子上面的固定螺钉　b）露出电动机，旋下电动机固定螺钉　c）取下电动机后的状况　d）取下的电动机

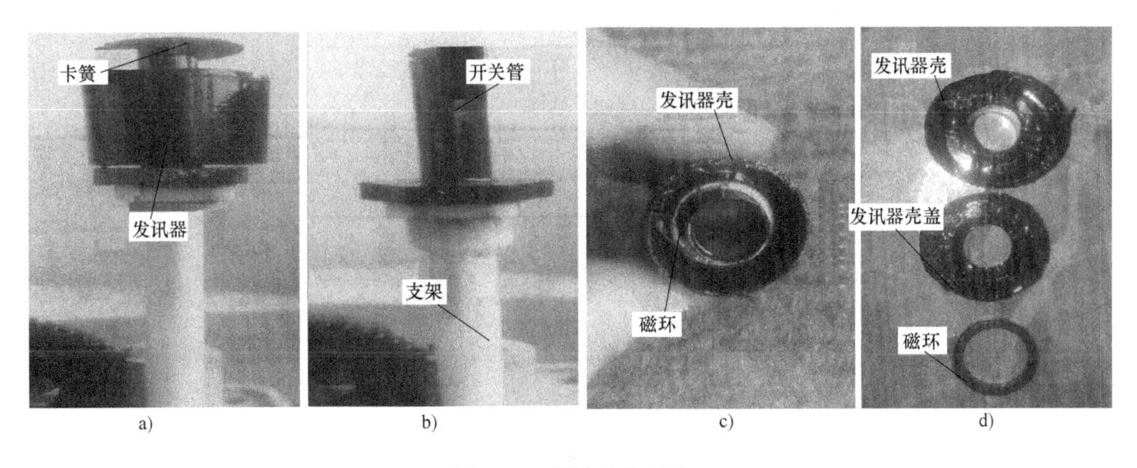

a)　b)　c)　d)

图 5-46　拆除油位开关

a）拆下卡簧、发讯器　b）旋下开关管、支架　c）发讯器内部结构　d）发讯器零件图

2）安装蜗杆、减速电动机、接线端子，盖上电气罩。

3）安装活塞缸。

4）检查单向阀是否正常工作，如不能正常工作需更换，接好油管。

5）安装油位开关。

6）把油箱安上。

（4）调整

1）检查蜗杆和蜗轮是否正常工作，可用铜套来调整。

2）安装好活塞缸后，应用手拉动拉杆，正常情况，应拉动顺利且有很大的吸力，如有异常，则微调活塞缸安装位置，更换密封圈。

a) b) c) d) e)

图 5-47　拆卸蜗轮、偏心轮

a）拆卸左右两个卡簧　b）拆卸轴　c）轴、轴套、偏心轮、蜗轮　d）蜗杆位置　e）取出蜗杆

3）在安装电动机之前，应该用手转动蜗杆，检查运动部件，是否灵活运转。全部安装完毕应通电试运行24h，检查电动机是否有异常温升。如有异常温升，则重新安装调整。

二、数控机床冷却装置拆卸和装配

1. 准备工具

准备好活扳手、呆扳手、梅花扳手、内六角扳手、整形锉、一字槽螺钉旋具、锤子等适用工具。

2. YSB2-25/6 型三相电泵拆卸和装配

此电泵是电动机与单级离心泵直接耦合为一体的能量转换机构，其优点为：水从泵壳上方经过滤网吸入泵中，与老式水泵下面吸水、上面喷水的特点不同；远离水箱底部，避免铁

a)

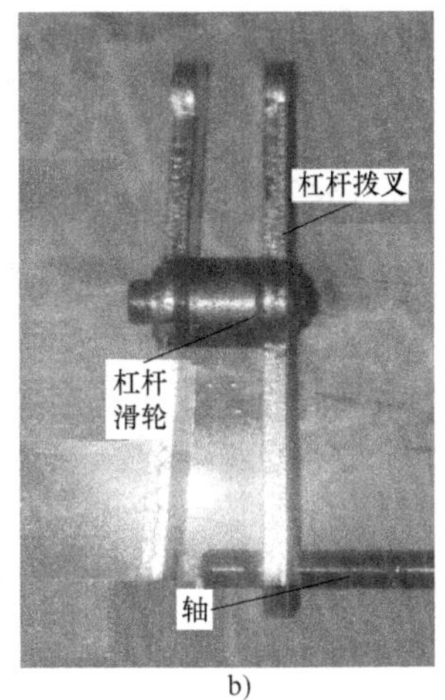

b)

图 5-48　拆卸杠杆

a）取下两个卡簧，抽出轴　b）杠杆

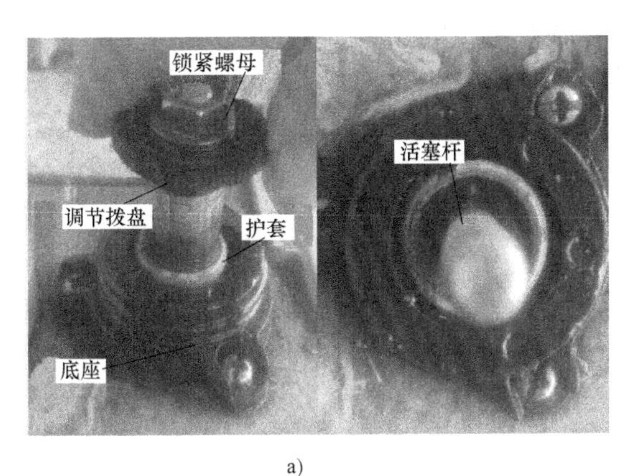

a)

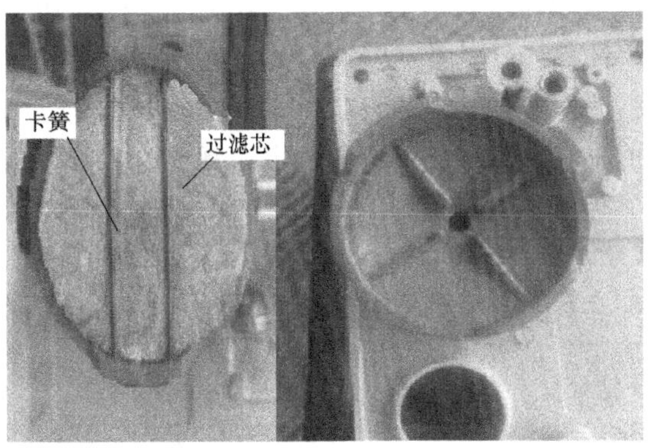

b)

c)

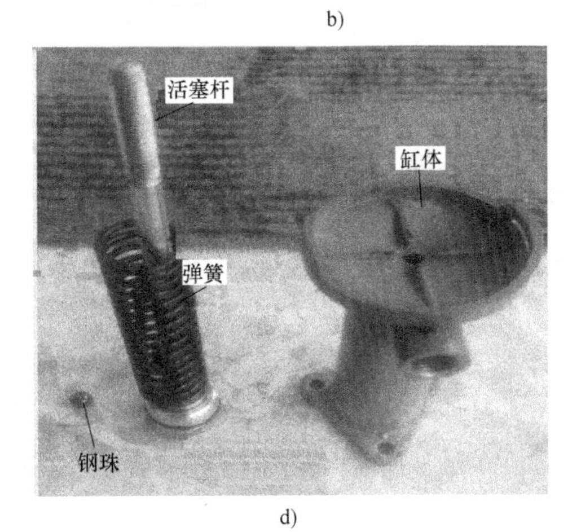

d)

图 5-49　拆除活塞缸

a）拆调节拨盘　b）拆卡簧和过滤芯　c）拆活塞缸固定螺钉　d）活塞缸零件图

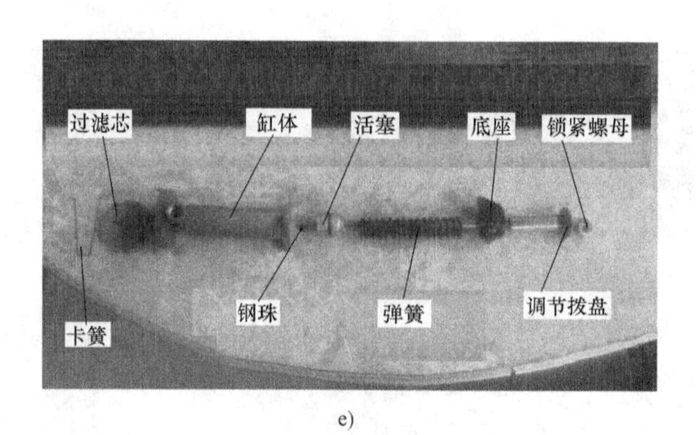

e)

图 5-49　拆除活塞缸（续）

e）零件图

屑进入泵中，堵塞叶轮、烧坏电动机；电动机密封性好，提高安全性。因此它在数控机床特别是在数控车床上得到广泛应用。

（1）工作原理　单级离心泵是指有一个叶轮的离心泵，叶轮由轴带动高速转动，叶片间的液体也必须随着转动。在离心力的作用下，液体从叶轮中心被抛向外缘并获得能量，以高速离开叶轮外缘进入泵壳。在泵壳中，液体由于流道的逐渐扩大而减速，又将部分动能转变为静压能，最后以较高的压力流入排出管道，送至需要场所。液体由叶轮中心流向外缘时，在叶轮中心形成了一定的真空，由于贮槽液面上方的压力大于泵入口处的压力，液体便被连续压入叶轮中。只要叶轮不断地转动，液体便会不断地被吸入和排出。

（2）拆卸过程

1）切断机床电源，拆除输液管、电源线、固定螺钉、支架，移出水箱，如图 5-50 所示。

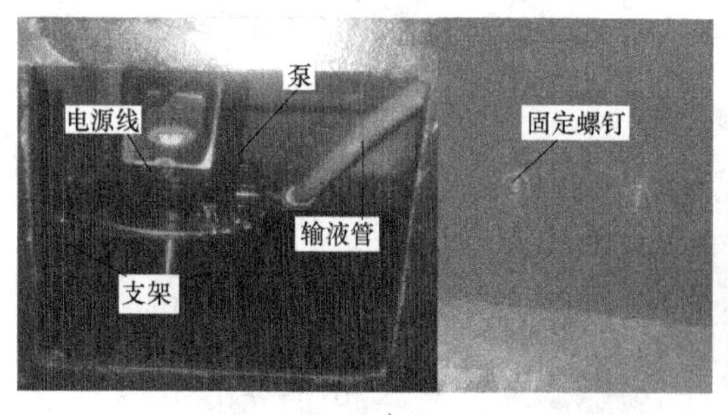

a)

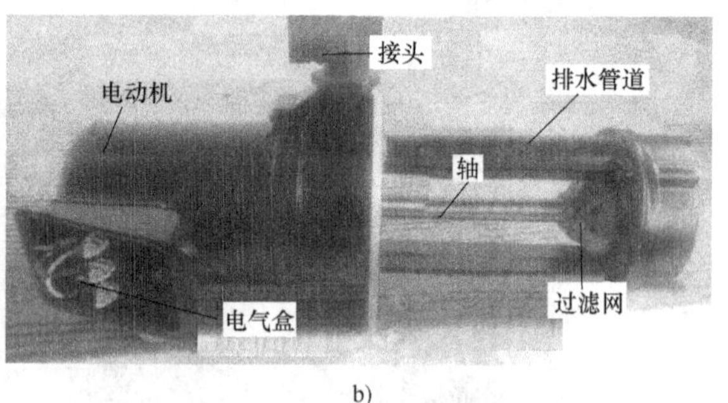

b)

图 5-50　拆除输液管等，并移出水箱

a）拆除输液管等　b）移出水箱后的泵

2）拆叶片，如图 5-51 所示旋下泵底部的两个固定螺钉，拆开底座；旋下叶片上的固定螺钉，取出叶片。

3）分离电动机与泵体，如图 5-52 所示。旋下连接两部分的固定螺钉，分离电动机与泵体，如图 5-52a 所示。取出电动机轴，注意电动机轴承上有一个弹垫，不要遗失，如图 5-52b所示。取出密封圈，注意小心取出，不要暴力损坏，如图 5-52c、d 所示。

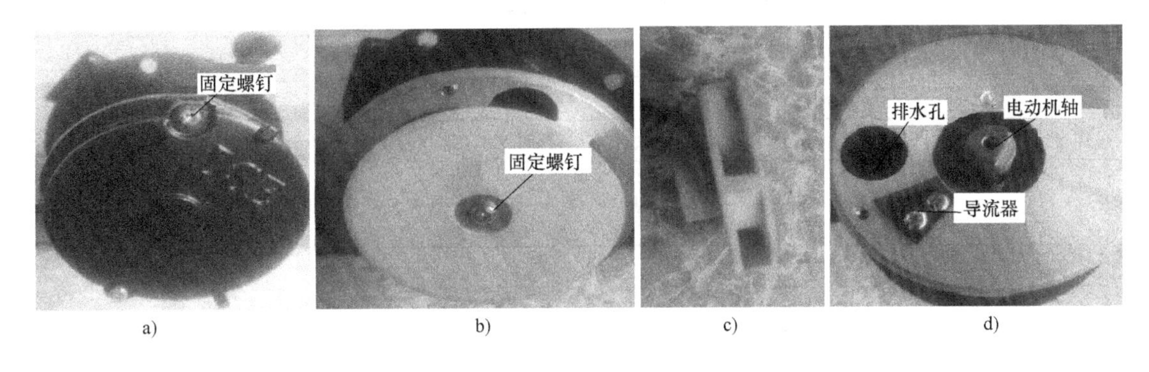

图 5-51　拆叶片

a）泵底部的两个固定螺钉　b）叶片上的固定螺钉位置　c）拆下的叶片　d）拆下叶片后的情况

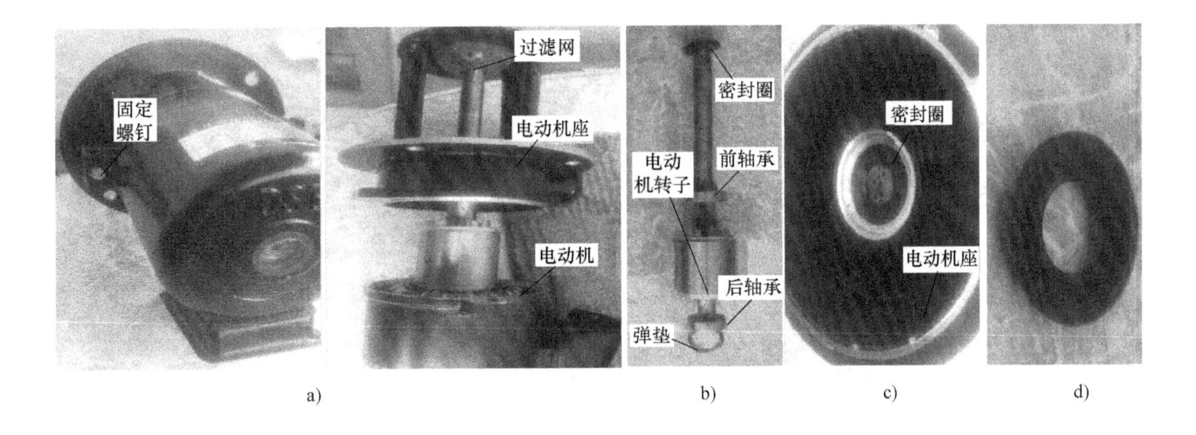

图 5-52　分离电动机与泵体

a）分离电动机与泵体　b）取出的电动机轴　c）密封圈位置　d）取出的密封圈

4）把拆卸下来的零件分别清洗、干燥，备用。

（3）装配与调整

1）检查电动机轴上的两个轴承是否运动自如，轴向窜动是否过大，不正常则立即更换，然后加防水润滑脂。

2）检查密封圈是否完好，建议更换新密封圈，将密封圈装到电动机座里。

3）按拆卸的反顺序装配。

4）通电试验前，应该用手盘动电动机轴，检查运动部件是否灵活运转，如不能灵活运转则重新安装调整。通电试运行 3h，检查电动机是否有异常温升。如有异常温升，则重新安装调整。

做一做　1. 请学生根据实际操作的设备，绘制装配图、三维结构图。

2. 请学生根据所学的知识，完成整个拆装过程的幻灯片（PPT）。

3. 请学生根据所学的内容，自己组织文字详细填写表 5-12。

表 5-12　润滑与冷却装置装配工艺卡片

装配工艺卡		产品型号		图号		第　页
		装配人员		内容		
工序号	工序内容	技术要求	仪器及工艺装备		图片	

晒一晒　请学生把所绘制的图、所做的幻灯片（PPT）、所填写的工艺卡片展示给其他学生，分享成果，晒一晒成功的喜悦。

思一思　请学生根据自己所学、所做、所晒的内容，思考一下自己是否能够独立完成所有内容？

检查评价

对任务实施的完成情况进行检查，并将结果填入表 5-13 中。

表 5-13　润滑与冷却装置任务评价表

序号	项目	分值	自我测评	小组测评	教师测评
			得分	得分	得分
1	拆卸与装配	15			
2	检测与调整	15			
3	幻灯片(PPT)	15			
4	工艺卡	15			
5	绘图	15			
6	成果展示	15			
7	安全文明生产	10			
8	合计	100			
9	自我评语				
10	小组评语				
11	教师评语				

问题及防治

在学生进行任务实施实训过程中，时常会遇到如下的问题。

问题1：油管接头流油不通畅或不通。

后果及原因：一般为微小杂物、油污阻塞，严重时会造成机床无润滑。

防治措施：可用细铜丝来回穿透或采用超声波清洗等清洗方法。

问题2：油管内有空泡。

后果及原因：油管内有空泡会造成机床润滑不畅；原因为油箱缺油，空气混入油中以及油管有微小裂痕或接头处漏气。

防治措施：①检查油管是否有微小裂痕或接头处漏气，如有排除；②在有空泡油管下端接头处，拔出油管，用手动或其他方法让液压泵连续工作，直至油从拔出的油管流出为止，从而将空气完全排出，重新接好油管。

问题3：泵不出水。

后果及原因：泵不出水将影响工件加工质量；原因为电源或电动机故障以及泵故障。

防治措施：①排除电源或电动机故障；②在确定电源或电动机无故障情况下，按拆卸顺序排查，直到故障排除。

知识拓展

一、数控机床的润滑方式

数控机床上常用的润滑方式是润滑脂润滑和润滑油润滑。它们的作用一样，但润滑油能起少许冷却和保持工作面清洁的作用。在不易和无法安装润滑管路的情况下，多采用润滑脂，同时也减少了日常维护的工作量。如在主轴支撑轴承、滚珠丝杠支撑轴承、低速直线导轨、直线导轨滑块等处多采用润滑脂，而高速直线导轨、贴塑导轨、交换齿轮等处多采用润滑油，滚珠丝杠螺母副处两种润滑方式都有采用。

（1）油脂润滑的特点　油脂润滑不需要润滑设备，工作可靠稳定，不需要经常添加和更换，给日常维护带来很大方便，大大减少停机保养时间。但摩擦阻力较大，必须采取有效措施密封，防止切削液、润滑油等浸入，使润滑脂失效。另外温度影响不可忽视，如果超过润滑脂最高工作温度，润滑脂将变质、失效。

润滑脂一般采用锂基等高级润滑脂，添加和更换时，必须按照机床说明书要求进行。

（2）油液润滑的特点　数控机床的油液润滑一般采用集中润滑系统。所谓集中润滑系统就是从一个润滑油源把有一定压力的润滑油通过各级管路，按机床所需压力或油量提供给各个润滑点，有定时、定量、效率高、使用方便可靠的特点。同时润滑油不重复使用，油质不会变化，有利于机床寿命的提高。

二、切削液的分类

1. 非水溶性切削液

它的主要成分是切削油，有各种矿物油（如机械油、轻柴油、煤油等），还有动、植物油（如豆油、猪油等）以及加入油性、极压添加剂配制的混合油。它主要起润滑作用。

2. 水溶液

它的主要成分是水，并加入防锈剂，也可加入适量的表面活性剂和油性添加剂，使其具有一定的润滑性能。

3. 乳化液

它是由矿物油、乳化剂及其他添加剂配制的乳化油加 95% ~98% 的水稀释而成的乳白色切削液，有良好的冷却性能和清洗作用。

三、润滑与冷却系统日常维护

1）根据各单位实际情况制订切实可行的日常保养计划，并严格检查执行。

2）严格按照数控机床说明书要求更换润滑油和切削液。

3）更换时必须清洗切削液池和润滑油箱。

4）定期检查各接头、管线有无泄漏。

5）按照数控机床说明书要求，及时更换过滤器芯。

【思考与练习】

一、填空题

1. 数控机床的油液润滑系统分为________、________润滑系统。

2. 每________检查润滑油是否足够，不足时及时添加。每________定期检查给油口滤网，清除杂质。每________对整个润滑油箱清洗一次。

二、判断题（正确的画“√”，错误的画“×”）

1.（　）定期检查各接头、管线有无泄漏。

2.（　）数控机床可任意更换润滑油和切削液。

3.（　）数控机床的润滑与冷却系统不需要日常维护。

4.（　）在数控机床中，良好的工件切削冷却具有重要的意义。切削液不仅具有对刀具、工件、机床的冷却作用，还起到在刀具与工件之间的润滑、排屑清理、防锈等作用。

项目四　排屑与防护装置装配与调整

知识目标： 1. 掌握数控机床排屑与防护装置的种类和特点

2. 掌握数控机床排屑装置装配与调整。

3. 掌握数控机床排屑与防护装置维护保养。

能力目标： 1. 能对数控机床排屑装置进行拆卸。

2. 能对数控机床排屑装置进行装配与调整。

素质目标： 1. 养成独立思考和动手操作的习惯。

2. 培养小组协调能力和互相学习的精神。

工作任务

本任务要求对数控机床排屑装置进行拆卸和装配与调整，见表 5-14。

表 5-14　数控机床排屑装置进行拆卸和装配与调整的计划步骤

序号	步骤
1	数控机床排屑装置拆卸
2	数控机床排屑装配与调整
3	成果展示
4	评价

相关理论

一、自动排屑装置

1. 自动排屑装置在数控机床中的作用

由于数控机床加工效率高，金属切削量远远高于普通机床，这使切屑后所占的空间也成倍增大。这些切屑占用加工区域，如果不及时清除，必然会覆盖或缠绕在工件上，使自动加工无法继续进行。大量带热的切屑还会向机床或工件散发热量，使机床或工件产生变形，影响加工精度。因此，迅速、有效地排除切屑对数控机床来说十分重要，而排屑装置的主要作用是将切屑从加工区域排到数控机床之外。另外，排屑装置必须将切屑从其中分离出来，送入切屑收集箱或小车里，而将切削液回收到切削液箱。数控机床的自动排屑装置，如图 5-53 所示。

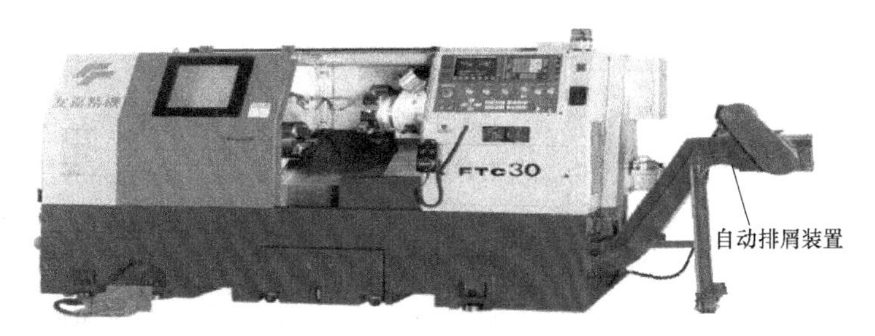

图 5-53　数控机床的自动排屑装置

2. 典型自动排屑装置

自动排屑装置的安装位置一般都尽可能减小机床占地面积，靠近切削区域。如车床的自动排屑装置装在旋转工件下方，铣床和加工中心的自动排屑装置装在床身的回水槽上或工作台边侧位置，以利于简化机床和排屑装置结构，提高排屑效率。排出的切屑一般都落入切屑收集箱或小车里，如整体设计则可以直接排入车间排屑系统。

自动排屑装置的种类繁多，下面是几种常见的典型自动排屑装置。

（1）平板链式自动排屑装置（图 5-54a）　它以滚动链轮牵引钢质平板链条在封闭箱中运转，切屑用链条带出机床。这种排屑装置能排除各种形状的切屑，适应性强，各类机床都能采用。

（2）刮板式自动排屑装置（图 5-54b）　它的传动原理基本与平板链式相同，只是带有刮板，常用于短小切屑的排屑。

（3）螺旋式自动排屑装置（图 5-54c）　通过电动机驱动带有螺旋叶的旋转轴推动切屑

向前（向后），集中在出口，最终落入指定位置。该装置结构紧凑，占用空间小，安装使用方便，传动环节少，故障率极低，尤其适用于排屑空间狭小，其他排屑形式不易安装的机床。

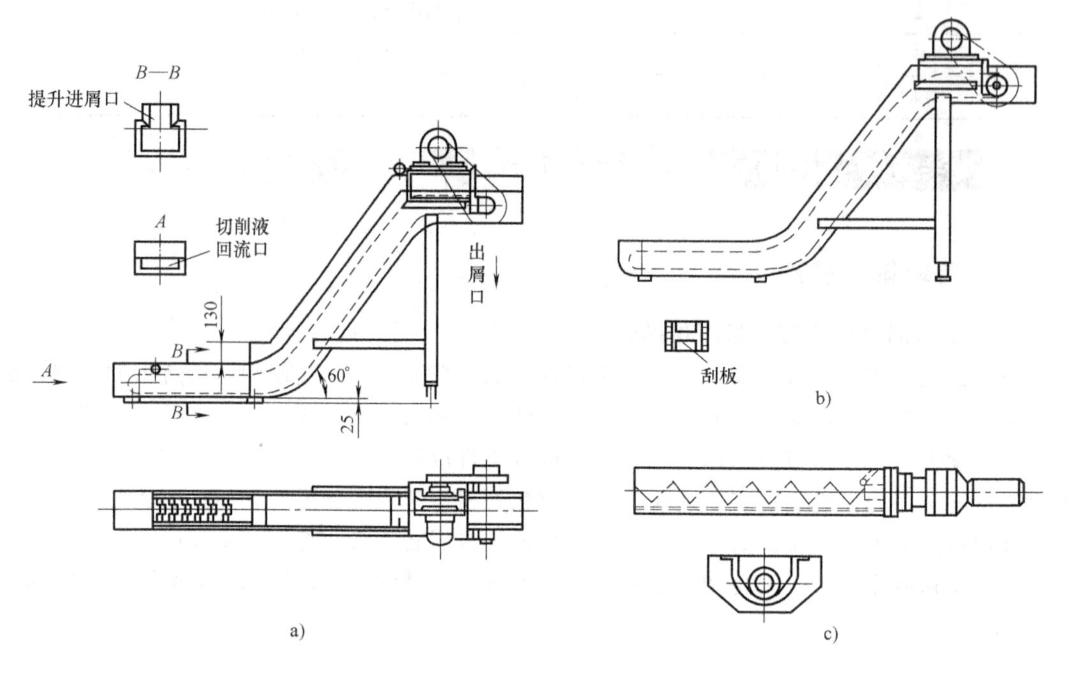

图 5-54　常见的典型自动排屑装置

（4）磁性辊式排屑装置（图 5-55）　磁性辊式排屑装置是利用磁辊的转动，将切屑逐级在每个磁辊间传递，以达到输送切屑的目的。该装置是在磁性排屑装置的基础上研制的。它弥补了磁性排屑装置在某些使用方面和结构上的不足，适用于湿式加工中粉状切屑的输送，更适用于切屑和切削液中含有较多油污状态下的排屑。

（5）倾斜式床身及切屑传送带自动排屑装置（图 5-56）　为防止切屑滞留在滑动面上，床体上的床身倾斜布置，加工中的切屑落到传送带上就会被带出机床。倾斜式床身及切屑传送带自动排屑装置广泛用于中、小型数控车床。

图 5-55　磁性辊式排屑装置

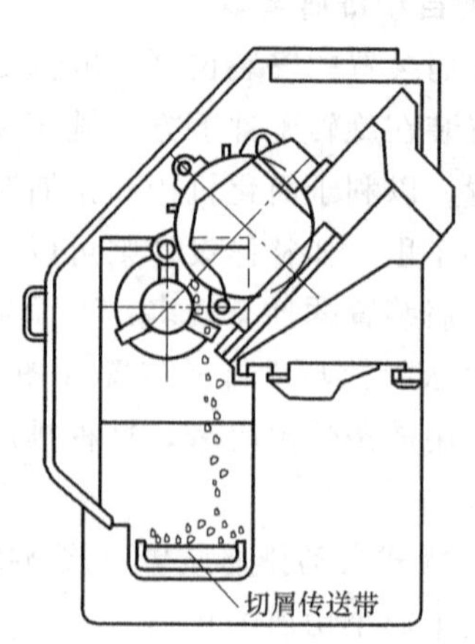

图 5-56　倾斜式床身及切屑传送带自动排屑装置

二、防护装置

数控机床的防护装置按功能可分为安全防护和设备防护。安全防护就是保护操作者和维修人员等工作人员的人身安全。随着现代数控技术的发展，机床的进给速度、主轴速度、主轴功率大大提高，万一设备故障，危害极大。如某加工中心加工时，钻头折断，穿过德国原产20mm三层防弹级安全玻璃，从操作者身边穿过，如打在人身上，后果不堪设想。维修人员由于未按操作规程或设备缺陷，在维修时发生的人身伤害也为数不少，甚至在某厂，发生过维修人员在维修刀库时，被刀具几乎打成两截的悲惨事件。所以不可随意拆除防护装置。设备防护装置是指保护机床及其零部件的表面不受外界的腐蚀和破坏的装置，主要由各种机床防护罩组成。数控机床的防护装置应该是数控机床设计时的重要内容。

1. 安全防护

在一台高速和复杂的数控机床中要保证高效生产，安全可靠性是一个必要条件。所以，评价一台机床的优劣，不仅需要看其功能有多强大，同时也需要关注其安全性能有多高。

广义的安全防护应包括安全工作区设置、电气安全接地、操作者个人防护、切削液的安全回收等。

常采用以下方法保证安全。

1）采用紧急停止按钮，保证在危险的情况下，机器能够快速停止。

2）采用安全门防护装置，防止人员随意进入危险的区域。

3）采取技术措施保证人员在打开安全门的情况下安全地调试机器。

4）对于有防护罩的机床，选择带有锁定功能的机械插片式防护门开关。

5）对于没有防护罩的机床，最简便的方法是使用安全光幕。该类机床结构的设计要保证人员一定要穿越光幕，切断光束，才能接近危险区域。此外，无论人员以何种速度进入危险区域。机床会在光束被切断时立刻停止工作。

6）对于刀库操作区域，也应该选择带有锁定功能的机械插片式防护门开关。当刀库防护门打开时，刀库的旋转必须停止。操作人员同时使用双手才可以对刀库的部分功能进行操作。

2. 设备防护

设备防护主要是各种机床防护罩和拖链。

（1）防护罩

1）风琴式防护罩，又名皮老虎，外用尼龙布，内加聚氯乙烯板支撑，边缘则用不锈钢板夹护，如图5-57所示。此护罩具有压缩小，行程长，可耐油，耐腐蚀，硬物冲撞不变形，寿命长，密封好，行走平稳，坚固耐用等特点。

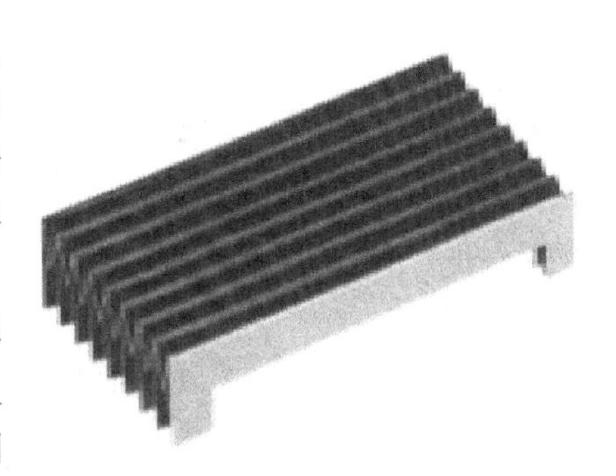

图5-57　风琴式防护罩

2）钢质伸缩式导轨防护罩是机床的传统防护形式，被广泛地应用，对防止切屑及其他尖锐东西进入起着有效防护作用，通过一定的结构措施及合适的刮屑板也可有效降低切削液的渗入，如图5-58所示。

3）卷帘防护罩在空间小且不需严密防护的情况下，可以代替其他护罩。它可水平、竖直或任意方向上安装使用。它具有占用空间小、行程长、速度快、无噪声、寿命长等特点，是一种理想的防护部件，如图 5-59 所示。

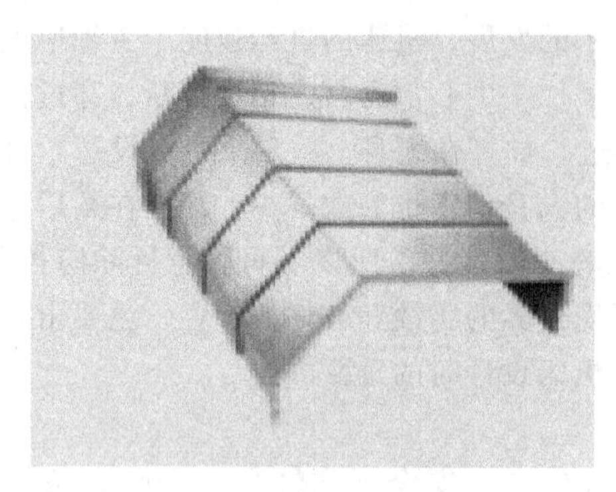

图 5-58　钢质伸缩式导轨防护罩

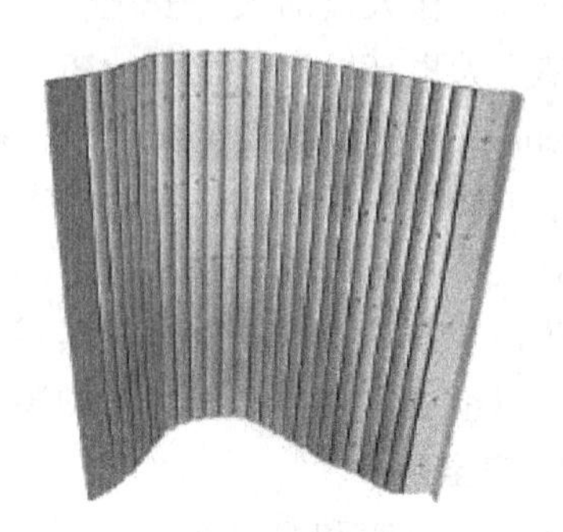

图 5-59　卷帘防护罩

（2）拖链　一般应用在机床等的电缆、油管、气管、水管、风管上，起牵引和保护作用。

按材质可分为钢拖链、钢铝拖链、塑料拖链、尼龙拖链等。

按形式可分为桥式拖链、多联桥式拖链、封闭拖链、消音拖链、开口拖链、万向拖链等。

按使用环境和使用要求的不同可分为桥式拖链、全封闭拖链、半封闭拖链三种。

钢铝拖链可分为 TL 型，TGA 型、TGB 型。

塑料拖链可分为重型、轻型。

特点：适合于使用在往复运动的场合，能够对内置的电缆、油管、气管、水管等起到牵引和保护作用；拖链每节都能打开，便于安装和维修，运动时噪声低、耐磨、可高速运动。

拖链示意图和说明，见表 5-15。

表 5-15　拖链示意图和说明

名称	示意图	说　明
桥式工程塑料拖链		它是由玻璃纤维强尼龙注塑而成，移动速度快，允许温度 -40 ~ 130℃，耐磨、耐高温、低噪声、装拆灵活、寿命特长，适用于短距离和承载轻的场合
全封闭式工程塑料拖链		它的材料与性能均与桥式工程塑料拖链相同，不过是在外形上改成了全封闭式
加重型工程塑料拖链、S 形工程塑料拖链		加重型工程塑料拖链由玻璃纤维强尼龙注塑而成，强度较大，主要用于运动距离较长、较重的管线。S 形拖链主要用于机床设备中多维运动的线路

（续）

名称	示意图	说　　明
钢拖链		它是由碳钢侧板和铝合金隔板组装而成，主要用于重型、大型机械设备管线的保护

任务实施

数控机床自动排屑装置拆卸和装配

选用扬州机床厂生产的数控铣床上所配用螺旋式自动排屑装置作为实训对象。

1. 工具准备

准备好活扳手、呆扳手、梅花扳手、内六角扳手、整形锉、一字槽螺钉旋具、锤子等适用工具。

2. 拆卸

1）切断电源，从机床下面拉出排屑装置（由于和切削液池是整体的，还有电动机电源线，因此应慢慢拉出，防止将电源线拉断），如图 5-60 所示。

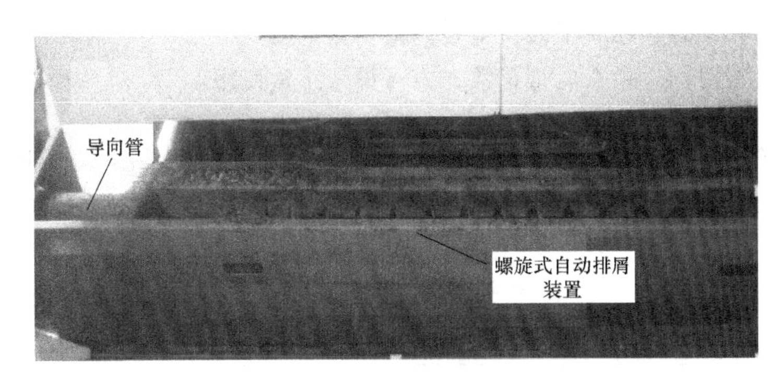

图 5-60　排屑装置位置示意图

2）拆卸下排屑装置的导向管固定螺钉，取下导向管，小心轻放，如图 5-61 所示。

图 5-61　导向管示意图

3）拆卸下链条联轴器，分离电动机传动轴和螺旋工作体，小心轻放，如图 5-62 所示。

4）分类清扫各部件。

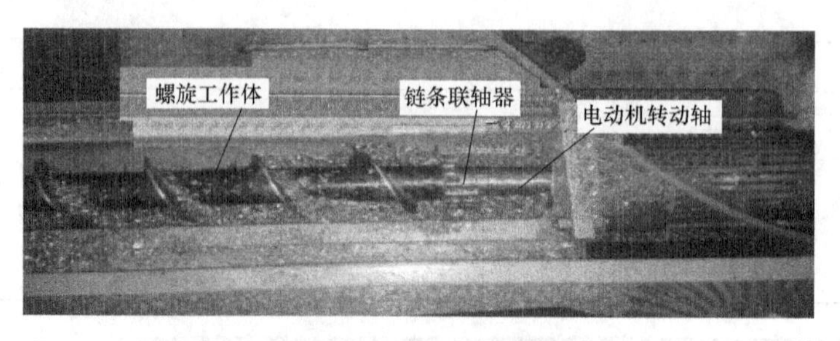

图 5-62　链条联轴器位置

3. 安装

1）连接电动机传动轴和螺旋工作体。

2）固定好导向管。

3）手动旋转传动轴，检查是否有干涉。

4. 调整

1）因电动机传动轴和螺旋工作体是过渡配合，所以在两者在装配时，应将电动机传动轴和螺旋工作体轴线对齐，慢慢塞入。

2）安装导向管时，可调整角度，便于排屑。导向管如有变形，应修整，否则很可能排屑不畅。

3）手动旋转传动轴，如有干涉，检查修整。

4）空运行一段时间，检查运行正常，方可投入正常使用。

做一做　1. 请学生根据实际操作的设备，绘制装配图、三维结构图。

2. 请学生根据所学的知识，完成整个拆装过程的幻灯片（PPT）。

3. 请学生根据所学的内容，自己组织文字详细填写表 5-16。

表 5-16　排屑装置装配工艺卡

<table>
<tr><td colspan="2" rowspan="2">装配工艺卡</td><td>产品型号</td><td></td><td>图号</td><td></td><td rowspan="2">第　页</td></tr>
<tr><td>装配人员</td><td></td><td>内容</td><td></td></tr>
<tr><td>工序号</td><td>工序内容</td><td>技术要求</td><td colspan="2">仪器及工艺装备</td><td colspan="2">图片</td></tr>
<tr><td></td><td></td><td></td><td colspan="2"></td><td colspan="2"></td></tr>
<tr><td></td><td></td><td></td><td colspan="2"></td><td colspan="2"></td></tr>
<tr><td></td><td></td><td></td><td colspan="2"></td><td colspan="2"></td></tr>
<tr><td></td><td></td><td></td><td colspan="2"></td><td colspan="2"></td></tr>
</table>

晒一晒　请学生根据所绘制的图、所做的幻灯片（PPT）、所填写的工艺卡片展示给其他学生，分享成果，晒一晒成功的喜悦。

思一思 请学生根据自己所学、所做、所晒的内容，思考一下自己是否能够独立完成所有内容？

检查评价

对任务实施的完成情况进行检查，并将结果填入表5-17。

表5-17 排屑装置任务评价表

序号	项目	分值	自我测评	小组测评	教师测评
			得分	得分	得分
1	拆卸与装配	15			
2	检测与调整	15			
3	幻灯片(PPT)	15			
4	工艺卡	15			
5	绘图	15			
6	成果展示	15			
7	安全文明生产	10			
8	合计	100			
9	自我评语				
10	小组评语				
11	教师评语				

问题及防治

在学生进行任务实施实训过程中，时常会遇到如下的问题。

问题：铁屑不易排出。

原因：螺旋工作体一边高，一边低；导向管的角度不好。

防治措施：调整螺旋工作体伸入电动机传动轴的长度；尽量把导向管的弧度增大，与排屑机体相连处最好采用圆弧过渡，减小阻力。

知识拓展

1. 排屑装置维护注意事项

1）应根据机床加工时切屑等情况选好合适的排屑装置。

2）每日清洁排屑装置。

3）经常清理排屑装置内切屑，检查有无卡住等情况。定期将排屑装置拉出机床打扫。

4）工作时应检查排屑装置是否正常，工作是否可靠。

5）排屑装置有过载保险装置，在出厂调试时已进行了调整。如排屑装置起动后，有报警产生，应立即停止开动，检查链条是否被异物卡住或其他原因。等原因查清后，可再次起动排屑装置。

2. 防护装置维护注意事项

1）防护装置必须有专人负责，制订维护计划，并记录在案。

2）严禁人员踩踏防屑罩，造成防屑罩变形，无法防水或防屑导致螺杆及轴承损坏。

3）操作者在每班加工结束后应清除切削区内防护装置上的切屑与脏物，并用软布擦净，并抹上防锈油，以免切屑与脏物堆积损坏防护装置。

4）千万不要用压缩空气清洁机床内部，因为吹起的碎屑有可能伤害到操作者，而且碎屑可能会楔入机床防护罩和主轴，引起各种各样的麻烦。

5）检查机床防护门运动是否灵活，有没有错位、卡死、关不严现象，如有则修理、校正机床防护门变形或导轨变形。

6）每月应检查机床、导轨等防护装置表面有无松动，定期检查各个部位的防护罩有无漏水。如果防护装置有明显的损坏或严重的划痕，应当给予更换。如果有裂纹，那么必须更换。

7）定期更换防护玻璃。机床的防护门和防护窗的玻璃具有特殊的防护作用，由于它们经常处于切削液和化学物质的侵蚀下，其强度会渐渐削弱。切削液中最有害的是矿物油。当使用有过于强烈化学成分的切削液时，防护玻璃每年要损失约10%的强度。因此一定要定期更换防护玻璃，最好每两年更换一次。

8）每年应根据维护需要，对各防护装置进行全面拆卸清理。

【思考与练习】

一、填空题

1. 在数控加工中，为防止切屑飞出伤人及意外事故的发生，应关闭________。

2. 拖链可有效地保护________的软管，可延长被保护对象的寿命，降低消耗，并改善管线分布零乱状况，增强机床整体艺术造型效果。

3. 拖链按材质可分为：________、________、________、________等。

二、选择题

1.（　　）应根据维护需要，对各防护装置进行全面拆卸清理。

A. 每天　　　　B. 每周　　　　C. 每年

2.（　　）应检查机床、导轨等防护装置表面有无松动，定期检查各个部位的防护罩有无漏水。

A. 每天　　　　B. 每周　　　　C. 每年　　　　D. 每月

三、判断题（正确的画“√”，错误的画“×”）

1.（　　）防护罩主要为了方便工人装卸工件时踩踏。

2.（　　）压缩空气有助于清洁机床内部的碎屑。

3.（　　）为了便于观察，机床在加工过程中可打开防护门。

4.（　　）为了防止尘埃进入数控装置内，电气柜应做成完全密封的。

5.（　　）数控车床的排屑装置，装在回转工件下方。

6.（　　）数控铣床和加工中心的排屑装置装在床身的回水槽上或工作台边侧位置。

7.（　　）磁性板式排屑装置可用于加工铁磁材料的各种机械加工工序的数控机床和自动线。

常用数控机床机械部件装配与调整词汇中英文对照

活动扳手 monkey spanner
呆扳手 solid wrench
梅花扳手 offset ring spanner
内六角扳手 inner hexagon spanner
扭力扳手 torque spanner
套筒扳手 socket wrenches
钩形扳手 hook spanner wrench
一字螺钉旋具 slotted screwdriver
十字螺钉旋具 phillips screwdriver
钢丝钳 wire-cutters
尖嘴钳 needle-nose pliers
锤子 sinker
铜棒 copper bar
铝棒 aluminium bar
千斤顶 lifting jack
油壶 oiler
油枪 oil gun
撬棍 crowbar
拔销器 pin removal
卡簧钳 circlip pliers
百分表 dialgage
千分表 dial gauge
平头测量头 flat measuring head
平尺 levelling ruler
方尺 square chi
角尺 square
检验棒 check rod
磁性钢球 magnetic steel ball
水平仪 level
刀口尺 knife-edge ruler
量块 gage block
主轴 principal axis
传动 transmission
进给 feed
换刀 tool changing
卡盘 chuck
尾座 tailstock
刀架 blade adapter
液压 hydraulic pressure
丝杠 screw
轴承 bearing
螺钉 screw
滑块 slider
导轨 lead rail
工作台 staging
卡簧 jump ring
联轴器 coupler
刀库 tool magazine
排屑 chip removal
防护 shield
辅助 assist

参考文献

[1] 李昊. 数控机床装调维修工（中级）[M]. 北京：机械工业出版社，2012.

[2] 陆伟漾. 普通机床装调 [M]. 北京：机械工业出版社，2013.

[3] 李玉兰. 数控机床安装与验收 [M]. 北京：机械工业出版社，2014.

[4] 张信禹. 数控机床安装调试维护与维修 [M]. 北京：机械工业出版社，2015.

[5] 乐为. 机电设备装调与维护技术基础 [M]. 北京：机械工业出版社，2015.

[6] 韩鸿鸾，董先. 数控机床机械系统装调与维修一体化教程 [M]. 北京：机械工业出版社，2014.

[7] 王桂莲. 数控机床装调维修技术与实训 [M]. 北京：机械工业出版社，2015.

[8] 孙慧平，等. 数控机床装配、调试与故障诊断 [M]. 北京：机械工业出版社，2016.